Eckhard Fuhr

JAGDLUST

Warum es schön, gut und vernünftig ist,
auf die Pirsch zu gehen

Mit farbigen Zeichnungen
von Cornelia Schleime

QUADRIGA

Dieser Titel ist auch als E-Book erschienen

Quadriga Verlag, Berlin,
in der Bastei Lübbe GmbH & Co. KG

Originalausgabe

Copyright © 2012 by Bastei Lübbe GmbH & Co. KG, Köln

Umschlaggestaltung: toepferschumann.de
Umschlagmotiv: Cornelia Schleime, Berlin, aus »Die Flucht der Rammler«, 2005, Tusche auf Bütten, 58×77 cm
Satz: Helmut Schaffer, Hofheim
Gesetzt aus der Adobe Caslon Pro
Druck und Einband: CPI – Ebner & Spiegel, Ulm

Printed in Germany
ISBN 978-3-86995-034-1

5 4 3 2 1

Sie finden uns im Internet unter: www.quadrigaverlag.de

Für Monika

INHALT

Fröhlich jagen 9

Der Jagdschein 19

Das Gewehr 31

Das Revier 43

Der Hund 61

Der Hirsch 77

Das Reh 97

Die Sau 113

Der Wolf 127

Der Hase und das Rebhuhn 153

Das Schüsseltreiben 171

Literatur: Lektürekompass für Jagdlustige 185

Zu den Abbildungen 189

Jagdgesellen

FRÖHLICH JAGEN

Ich brauche keinen Wecker. Mein Hund passt auf, dass ich nicht verschlafe. Schon am Abend, wenn ich meine Jagdsachen zurechtlege, die alte Cordhose, die Lodenjacke, die Gummistiefel, weiß er, was bevorsteht. Wahrscheinlich hat er ebenso unruhig geschlafen wie ich. Es ist Anfang September und um 5 Uhr noch stockdunkel. Bis Tagesanbruch bleibt mir eine gute halbe Stunde Zeit. Dann sollte ich auf dem Hochsitz sein.

Ich wohne im Berliner Stadtteil Prenzlauer Berg. Jagen will ich in den ehemaligen Rieselfeldern von Pankow, also fast vor der Haustür. Für dieses Gebiet besitze ich eine Jagderlaubnis der Berliner Forsten. Auf den Straßen meines Viertels sind am frühen Morgen die letzten Nachtschwärmer unterwegs. Selten ernte ich verdutzte Blicke, wenn ich mit Hund, Fernglas und Gewehr zu meinem Auto gehe. Noch nie bin ich angesprochen oder gar angepöbelt worden, selbst dann nicht, wenn ich meinen Wagen, der leicht als Jägerauto zu erkennen ist, vor dem hell erleuchteten veganen Supermarkt parke, nicht um zu provozieren, sondern weil die Parkplatznot keine andere Möglichkeit lässt. Berlin ist so voll schräger Gestalten, dass ich offenbar nicht weiter auffalle. Oder könnte es gar sein, dass selbst die hauptstädtischen Szenegänger, denen

Wald, Wild und Jagd doch wahrscheinlich eher fremd sind, es als ganz normal empfinden, wenn da einer im Morgengrauen zum Jagen geht?

Um 5.45 Uhr sitze ich auf dem Hochsitz, einer hohen Kanzel, von der ich einen guten Überblick habe über Wiesen, Feldgehölze und Schilfdickichte. Unter mir weiden Heckrinder, rückgezüchtete Auerochsen, die Urform unserer Hausrinder. Die schwarze Kuh trägt Respekt einflößende Hörner. Das Gelände wirkt ziemlich urtümlich, ist aber das Ergebnis von Landschaftsplanung jener Flächen, auf denen früher die Abwässer Berlins verrieselt und als Dünger verwendet wurden. Für Erholung suchende Städter ist es ebenso attraktiv wie für Wildschweine und Rehe. Fasanenhähne rufen, ein Fuchs geht auf die Mäusejagd, ein Dachs sucht nach Würmern und Schnecken. Das Regiment führen am Ende eines verregneten Sommers frühmorgens hier allerdings die Mücken. Da hilft nur Autan, auch wenn das den Genuss der würzigen Morgenluft erheblich einschränkt. Aber ich bin ja nicht hier, um mit allen Sinnen die Schönheit eines anbrechenden Spätsommertages zu schlürfen. Ich bin zum Jagen hier. Ich will Beute machen.

An diesem Morgen muss ich nicht lange warten. Von der Mönchmühler Straße her – früher verlief nicht weit von hier die Mauer – zieht im ersten Licht eine Rehgeiß mit ihrem Kitz in die Pferdekoppel vor mir. Wenn ich jetzt schieße, dann erst das Kitz und dann die Geiß. So lautet die Regel. Rehkitze sind im September keine weiß gefleckten Bambis mehr. Das Kindchenschema ist kaum noch ausgeprägt. Vor mir habe ich den zartesten Braten, den man sich vorstellen kann. Das Fadenkreuz meines Zielfernrohrs steht ruhig hinter dem Schulterblatt des Kitzes. Den Schuss hört das Kitz nicht mehr. Seine Mutter bleibt nach ein paar Sätzen stehen. Ich habe inzwischen nachgeladen und schieße auch sie tot. Die Abschussquoten bei Rehen sind ziemlich hoch. Will man sie erfüllen, muss man jede Chance nutzen. Außerdem ist es besser, bei einer Jagd viel statt bei vielen Jagden wenig Beute zu machen. Das reduziert den Stress für das Wild, und es wird nicht so scheu. Wenn man zu oft jagt, bekommt man irgendwann überhaupt kein Wild mehr zu Gesicht.

Es wird schon warm. Ich kann mir nicht die Zeit nehmen, von meinem Hochsitz aus zu beobachten, wie die Stadt wach wird. Im Minutentakt schweben Flugzeuge nach Tegel ein. Im Märkischen Viertel sind längst die Lichter an. Der Fernsehturm am Alexanderplatz blinkt in der aufgehenden Sonne. Auf dem Schotterweg hinter mir höre ich die ersten Jogger keuchen. Ich muss die Rehe jetzt aufbrechen, also ausnehmen, und möglichst schnell in die Kühlkammer der Försterei bringen. Zuerst schneide ich das Fell längs an der Unterseite des Halses auf, trenne die Gurgel über dem Kehlkopf ab, löse die Speise- von der Luftröhre und verknote sie, damit der spinatgrüne Panseninhalt nicht auslaufen kann.

Anschließend öffne ich vorsichtig die Bauchdecke, ziehe Pansen und Därme zur Seite und zertrenne mit einem langen Schnitt das Brustbein. Nun muss ich nur noch das Schloss, die Beckennaht, öffnen. Dabei ist Vorsicht geboten. Man darf das Wildbret der Keulen nicht zerschneiden. Das würde edle Bratenteile entwerten. Am Ende ziehe ich die gesamten Innereien an einem Stück heraus. Die Leber packe ich in eine Plastiktüte. Die gibt es am Abend mit Apfelscheiben und Zwiebeln. Herz und Nieren nehme ich ebenfalls mit. Den Pansen wird der Hund bekommen. Der Rest ist für die Füchse und Dachse. In der Försterei befestige ich an jedem Reh eine Wildmarke und trage Ort und Zeitpunkt der Erlegung in ein Wildbuch ein. Das Kitz werde ich kaufen, ihm in ein paar Tagen das Fell abziehen und es zerlegen. Seine Mutter wird bald auf der Speisekarte eines Restaurants stehen.

Als ich nach Hause komme, sind die Cafés in der Nachbarschaft schon von Latte-macchiato-Müttern bevölkert. In technisch hochgerüsteten Kinderwagen brabbeln die Säuglinge. Milchiger Friede liegt über der Szenerie. Ich verberge meine vom Blut noch nicht ganz gereinigten Hände diskret in den Hosentaschen. Wenn die wüssten, was ich gerade getan habe, geht es mir durch den Kopf. Ja, was wäre dann? Was würde ich denn antworten, wenn eine dieser jungen Mütter mich zornig funkelnden Blickes fragte, ob ich nichts Besseres zu tun habe, als eine Rehmama und ihr Kind zu morden? Nein, müsste ich antworten, das ist wirklich das Beste, was man tun kann. Und ich würde hinzufügen: Niemand liebt Rehe mehr als ich, lebende ebenso wie gebratene.

Ich töte nicht gedankenlos. Mir ist klar, dass ich nicht auf biomechanische Automaten schieße, sondern auf Lebewesen, zu denen der Mensch in den Jahrtausenden seiner Kulturgeschichte eine innige Beziehung entwickelt hat. Die Jagd ist ein Teil dieser Geschichte. Ein Gang ins nächste kunsthistorische Museum führt das anschaulich vor Augen. Ich bin mit vielen Tieren groß geworden, mit solchen, die nur zum Liebhaben da waren, und solchen, die auch gegessen wurden. Als Junge gründete ich einen »Tierschutzverein« und prangerte mit selbst gemalten Plakaten das Leid von Kettenhunden an. Ich schlachtete aber auch unsere Hühner. Ich versuchte, aus dem Nest gefallene Vögel großzuziehen, und schoss, was damals noch erlaubt war, mit dem Luftgewehr die Stare aus den Obstbäumen. Ich empfand meine tiefe Empathie für Tiere und meine frühe Gewöhnung daran, sie zu töten, nie als Widerspruch. Daran hat sich nichts geändert.

Ein Leben ohne Tiere empfände ich als arm. Ich suche ihre Nähe. Wenigstens mein Hund muss immer greifbar sein, sonst fehlt mir etwas. Die Gerüche der Tiere schmeicheln meiner Nase. Wildschweine riechen nach Maggi, Füchse nach Gewürznelke und Hirsche in der Brunft nach Moschus. Die Schönheit der Tiere macht mich oft sprachlos. Ich bewundere ihre Schläue, ihre Überlebenskunst. Ihr Fleisch esse ich gern. Deshalb töte ich manchmal eines.

Das mag nun manchem zu abgeklärt klingen. Gibt es da nicht die Jagdpassion, den Beutetrieb, den Nervenkitzel, die Lust am Töten? Ich gebe zu: Jagd ist aufregend. Ein wild lebendes Tier zu erbeuten ist etwas anderes, als eine alte Henne mit dem Hackebeil in ein Suppenhuhn zu verwandeln. Auch nach vielen Jahren habe ich manchmal noch mit dem Jagdfieber zu kämpfen. Pulsfrequenz und Adrenalinspiegel steigen, wenn sich jagdbares Wild zeigt. Das Schießen verlangt Selbstbeherrschung. Wenn man vor Aufregung zittert und das Fadenkreuz mit jedem Pulsschlag wild auf dem Ziel herumhüpft, sollte man es sein lassen. So schlimm ist es zum Glück selten. Ich schaffe es meistens, die nötige Ruhe zu bewahren. Mit den Jahren gewinnt man Routine. Wenn das tote Reh oder Wildschwein gefunden ist, merke ich aber doch, wie groß die Anspannung war. Das Gefühl der Erleichterung und der inneren Zufriedenheit können einen dann über lange Strecken grauen Alltags tragen.

Zur philosophischen Jagdfolklore gehört die Idee, dass der moderne Jäger tief in den Brunnen der Menschheitsgeschichte hinabsteige und in ein archaisches Triebgeschehen eintauche, was ihm Heilung von allen möglichen Zivilisationsgebrechen verschaffe. Der spanische Philosoph José Ortega y Gasset hat mit seinen *Meditationen über die Jagd* diesen Topos vor 70 Jahren äußerst wirksam in die Welt gesetzt. Die Heerschar seiner Epigonen in der jagdphilosophischen Literatur schreibt es ihm nach. Ich widerspreche der Behauptung, dass die Jagd ein emotionaler Ausnahmezustand und gewissermaßen ein Urlaub von der modernen Zeitgenossenschaft sei. In meinen Augen ist sie ein Handwerk, das eng mit der Land- und Forstwirtschaft verbunden ist und von jedem erlernt werden kann. Man muss dazu nicht auf irgendeine geheimnisvolle Weise berufen sein. Wer die Jagd ernst nimmt, der ist allerdings rund um die Uhr Jäger, auch wenn er gerade nicht jagt. Er sieht die Landschaft mit anderen, eben mit Jägeraugen. Wenn sie auf einer Zugfahrt vorbeirauscht, entgeht mir kein Reh. Und Mitleid mit dem Jagdpächter steigt in mir auf beim Anblick umgegrabener Viehweiden. Das waren die Wildschweine. Es wird teuer für den Jäger.

Nichtjäger geben sich leicht mit der Erklärung zufrieden, die Jagd sei ein wunderbarer Ausgleich für den Stress des modernen Berufslebens. Kraft tanken im Morgengrauen, Abspannen im Abendrot. So ist es nicht. Oder das ist nicht alles. Wenn es mir um Erholung in der Natur ginge, würde ich Golf spielen, wenn ich mich mit diesem Sport anfreunden könnte, was mir schwerfiele. Einen kleinen Ball durch eine weite Landschaft zu jagen, die ausschließlich zum Spielen da ist, das ist für mein im Kern doch noch bäuerliches Gemüt fast eine Beleidigung. Jagd dagegen ist Sinn schlechthin. Sie ist die Urform der Arbeit. Jagen ist keine Neben-, sondern eine Hauptsache.

Gejagt wird in Deutschland überall außerhalb geschlossener Ortschaften. Das Netz der Jagdbezirke – darauf kommen wir noch ausführlich – ist nahezu lückenlos. Für jeden Jagdbezirk wird von den Jagdbehörden der Landkreise und kreisfreien Städte ein Abschussplan festgesetzt, der erfüllt werden muss. Er gilt für Rehwild, das überall vorkommt, und für die anderen nur in bestimmten Gebieten vorkommenden Schalenwildarten (das sind die Huftiere) wie Rotwild, Damwild oder Muffelwild.

Für Wildschweine werden keine Quoten festgelegt. Sie müssen überall so bejagt werden, dass die Schäden in der Landwirtschaft möglichst gering bleiben. Das heißt, man muss so viele wie möglich schießen. Es gibt also so etwas wie eine Jagdpflicht. Und neben der Land- und Forstwirtschaft bestimmt die Jagd nicht unerheblich das Aussehen unserer Landschaft. Die forstlich überall angestrebte Umwandlung von Nadelholz-Monokulturen in Mischwälder gelingt zum Beispiel nur, wenn Rehe und Hirsche mit der Büchse kurzgehalten werden. In den Maisdschungeln, die im Zuge der Energiewende immer größere Flächen beanspruchen, müssen Schussschneisen angelegt werden, um die Wildschweine zu dezimieren. Aber diese Schneisen können zu blühenden Bändern der Artenvielfalt in der Maiswüste werden.

Ich komme vom Land, ich lebe und arbeite zurzeit in der Stadt. Die Jagd ist die Nabelschnur, die mich mit meiner Herkunft verbindet. Durch sie erfahre ich, was auf dem Land, in der Land- und Forstwirtschaft geschieht. Das dürfte eigentlich keinem mündigen Staatsbürger gleichgültig sein, denn es ist entscheidend für die künftigen Lebensmöglichkeiten auch des urbansten Postmaterialisten und Internetbewohners.

Nicht nur für den einzelnen Jäger ist die Jagd also mehr als eine Nebensache. Sie ist für die gesamte Gesellschaft von einiger Relevanz, was auf dem Land den meisten noch klar ist, in den Großstädten aber in Vergessenheit zu geraten droht. Viele Städter sehen in der Jagd einen absterbenden Zweig der Folklore, dem man keine Träne nachweinen muss. Leider präsentieren sich die Jäger manchmal auch so, dass sie dieses Fehlurteil geradezu herausfordern. Manche gefallen sich in der Rolle der letzten Mohikaner echter Naturverbundenheit und klagen über den Niedergang des edlen Waidwerks. Aber erstaunlicherweise vermehren sich die Mohikaner. Es gibt heute rund 350 000 Jäger in Deutschland, mehr als je zuvor. Sie erlegen so viele Rehe, Wildschweine und Hirsche pro Jahr wie noch nie, seit es eine Jagdstatistik gibt. Die Jahresstrecken dieser Wildarten betragen ein Mehrfaches dessen, was vor 1945 in Deutschland erlegt wurde, zu dem damals noch jägerische Traumländer wie Ostpreußen, Pommern und Schlesien gehörten.

Milde Winter, üppiger Stickstoffeintrag aus der Luft, die großen Sturmschäden der vergangenen Jahrzehnte und die Nachfolgevegetation in zusammengebrochenen Nadelholzbeständen, die explosionsartige Zunahme des Maisanbaus: All das hat die Lebensbedingungen der großen Pflanzenfresser optimiert. Wahrscheinlich ziehen heute so viele Huftiere durch Deutschlands Feld und Flur wie noch nie in der Geschichte. Auch manche Vogelarten profitieren von der intensiven Landwirtschaft. Wildgänse und Ringeltauben fallen wie Mückenschwärme in die Felder ein. Und Totgesagte leben länger. Der zeitweilig schon auf die Rote Liste gesetzte Hase behauptet sich erstaunlich gut und ist in Gebieten, wo er fast verschwunden war, wieder im Kommen. In Berlin ist die Hasenjagd leider verboten. Hasen gäbe es genug. Der Fuchs hat als kleiner Räuber längst Gesellschaft von Waschbär und Marderhund bekommen. Und die großen Räuber, der Wolf, der Luchs, der Bär, sie kommen wieder, ob wir wollen oder nicht. Das soll man Niedergang nennen? Die Jagd hat kein Problem mit dem Mangel, sondern mit der Fülle. Es gibt gar nicht genug Jäger, um all die Erwartungen zu erfüllen, die an die Jagd gestellt werden, wenn es darum geht, ein hohes Wildtiervorkommen in einem dicht besiedelten und größtenteils landwirtschaftlich intensiv genutzten Industrieland zu kontrollieren. Aber dass es so viel Wild gibt, kann doch kein Grund für Traurigkeit oder gar Untergangsstimmung sein. Es ist ein Anlass, fröhlich zu jagen.

Viele Menschen nehmen die Natur nur noch als sterbende Schönheit wahr. Interessant ist für sie nur, was vom Aussterben bedroht ist. Das Attribut »vom Aussterben bedroht« klebt an manchen inzwischen wieder weitverbreiteten Tierarten, zum Beispiel dem Fischotter oder der Wildkatze, wie der Titel »Bahnchef« an Hartmut Mehdorn. Wer nur bedrohte Arten kennt, der hält es schon für einen Frevel, in der Natur überhaupt etwas anzufassen, sich etwas anzueignen, die Natur zu nutzen. Beim Jagen macht man die tröstliche Erfahrung, dass »die Natur« kein kümmerndes Pflänzchen ist, das gehätschelt werden muss. Was immer der Mensch in ihr anrichtet, sie findet immer wieder Antworten, die uns überraschen und vor neue Herausforderungen stellen. Die Jagd, meine grüne Leidenschaft, sie hat eine große Zukunft.

DER JAGDSCHEIN

Er ist nicht alles. Aber ohne ihn ist alles nichts. Lindgrün ist das 16 Seiten starke Heftchen im Oktavformat. Nichts daran ist vom Computer lesbar, nirgendwo findet sich ein Chip. Stolz hält sich der Jagdschein abseits von der Masse der Bank-, Kredit- und Krankenversicherungskarten, die furchtbar bunt sein müssen, damit sie sich voneinander unterscheiden. Sie sind alle nur Datenträger, die erst dann etwas zu sagen haben, wenn sie über ein Lesegerät an eine ferne, große, unheimliche Datenbank angeschlossen sind. Für sich sprechen die Plastikkarten nur sehr wenig. Sie dienen ausschließlich dem Zweck, die Individualität ihrer Besitzer digital zu verflüssigen und sie in die Netzwerke der Informations- und Überwachungsgesellschaft einzuspeisen. Je mehr Kärtchen einer besitzt, desto tiefer steckt er drin. Die eigentlichen Personaldokumente, Personalausweis und Reisepass, tragen stofflich zwar noch deutlicher etwas von der Würde und Einzigartigkeit des Individuums in sich. Doch auch sie unterliegen dem Trend zur Miniaturisierung und Digitalisierung. Der »Perso« ist schon beim Scheckkartenformat angelangt. Mein alter, noch nicht geschrumpfter gilt glücklicherweise noch einige Jahre. Irgendwann wird der Personalausweis zum Chip werden, der jedem Neugeborenen hinterm

Ohr appliziert wird. Das erlebe ich hoffentlich nicht mehr. Auch der Pass ist schon kleiner geworden und in seinem Kernbestandteil nur noch ein Kunststoffdatenträger. Nur weil die Staaten es noch nicht aufgegeben haben, dem Reisenden Marken ihrer Souveränität in die Papiere zu drücken, weil also an den Grenzposten der Vereinigten Staaten, von Russland oder Burkina Faso hingebungsvoll gestempelt wird, ist der Reisepass noch aus hoheitlichem Papier mit Wasserzeichen und allem Drum und Dran.

Der Jagdschein aber besteht ausschließlich aus diesem Stoff. Er ist ein echtes Dokument, eine Urkunde, ein Produkt administrativer Handarbeit. In den Jagdschein werden die einschlägigen Verwaltungsakte hineingeschrieben – oft noch per Hand – und gestempelt. Mein erster, 1993 von der Stadt Frankfurt am Main ausgestellter und fünf Mal um je drei Jahre verlängerter Jagdschein hat im Laufe seines Lebens zwölf Siegel unterschiedlicher Herkunft und Größe in sich aufgenommen. Mit dem Hessischen Löwen bestätigt der Frankfurter Oberbürgermeister, dass das Passfoto den Jagdscheininhaber zeigt. Mit dem Bundesadler besiegelt er die Gültigkeit des Scheins, denn der ist ein Bundesdokument, und die Stadt handelt nur in Vertretung. In Berlin ist der Polizeipräsident für die Ausstellung und Verlängerung der Jagdscheine zuständig. Er führt den Bären im Siegel. Besiegelt wird nicht nur die Verlängerung der Gültigkeitsdauer. Auch jede Adressenänderung ist einen Stempel wert. Und dann gibt es da noch die Rubrik, in welche die Flächen eingetragen werden, auf denen dem Jagdscheinbesitzer als Eigentümer, Pächter oder Inhaber eines entgeltlichen

Erlaubnisscheines, also nicht bloß als Jagdgast, die Ausübung der Jagd zusteht.

So kommt das südhessische Dorf Groß-Rohrheim nicht nur als mein Geburtsort zu einem ehrenvollen Platz in meinem Jagdschein, sondern auch als der Ort, an dem ich die längste Zeit jage. Seit vielen Jahren bin ich Mitpächter eines der beiden Groß-Rohrheimer Jagdbezirke, in die sich die Gemarkung unterteilt. Das Revier ist 948 Hektar groß. Da wir vier Pächter sind, wird mir aber nur ein Viertel angerechnet, 237 Hektar. Auf mehr als 1000 Hektar darf kein einzelner Jäger das exklusive Jagdausübungsrecht haben. All das steht im Jagdschein. Wenn man ihn zu lesen versteht, erkennt man, dass er geronnene Sozial- und Rechtsgeschichte ist. Auf den letzten Seiten gibt der Jagdschein einen Überblick über die Jagd- und Schonzeiten der einzelnen Wildarten nach der entsprechenden Bundesverordnung und über die Abweichungen, die in dem Bundesland gelten, in dem der Schein ausgestellt wurde. Das kann die manchmal etwas umständliche Ansage der sogenannten Freigaben vor einer Jagd – Welches Wild darf geschossen werden? – ungemein verkürzen. »Frei ist alles, was der Jagdschein erlaubt«, sagt der Jagdleiter dann.

Was erlaubt nun so ein Jagdschein? Was unterscheidet einen Menschen mit von einem Menschen ohne Jagdschein? Im Volksmund heißt »einen Jagdschein haben«, dass jemand nicht ganz dicht ist. Das geht auf den alten Paragrafen 51 im Strafgesetzbuch zurück, der von der Schuldunfähigkeit bei geistiger Unzurechnungsfähigkeit handelte. Wer unter diesen Paragrafen fiel, so die volkstümliche Interpretation, der konnte sich alles erlauben, er hatte freie Büchse, einen Jagdschein also. Das ist nicht nur eine sehr verkürzte Deutung des Rechtsbegriffs der Schuldunfähigkeit. Es verkennt auch grundlegend, welche Rechte sich aus einem Jagdschein ableiten. Von freier Büchse kann keine Rede sein. Der Jagdschein ist eine notwendige, doch keine hinreichende Voraussetzung zum Jagen. Zu ihm muss die Erlaubnis kommen, in einem bestimmten Gebiet zu jagen. Die Frage, wie der Jäger aus dem Reich der Möglichkeit ins Reich der Wirklichkeit tritt, wie er Zugang zur Jagd bekommt, wie er Einfluss, Macht und Verantwortung in Wald und Feld gewinnt und in welche Interessengegensätze er dabei gerät, das ist der Glutkern aller Jagdgeschichte und Jagdpolitik. Mit dem Jagdschein ist man erst einmal nur ein potenzieller Mitspieler auf diesem konfliktreichen Feld.

Aber das allein schon genügt, den Menschen, der aus der Masse der Nichtjäger in den Kreis der Jagdscheininhaber eingetreten ist, zu verwandeln. Jagdscheininhaber sind zum Beispiel meistens zu warm angezogen und tragen verhältnismäßig derbes Schuhwerk, als wollten sie sich und der Welt zeigen, dass sie jederzeit für ein Leben jenseits von kommoder Zimmertemperatur und gepflegtem Teppichboden gerüstet sind. Im Straßenverkehr stellen sie eine Gefahr für sich und andere dar, weil sie beim Autofahren aus den Augenwinkeln jeden Hochsitz, jedes am Straßenrand äsende Reh und jeden Flug Wildgänse registrieren, der keilförmig seinen Schlafgewässern oder den Feldern mit frischer Wintersaat zustrebt.

Auch in der Familie kann der Jagdscheininhaber zum schweren Problemfall werden. Nicht nur, dass er auf eine für die Angehörigen provokante Art und Weise über den Niederungen des Alltags schwebt und sich an Gesprächen über Schulprobleme der Kinder oder Ärger mit den Nachbarn meist nur mit überlegenem Lächeln und wissendem Schweigen beteiligt, als wären das bloß Kleinigkeiten. Er beginnt auch, das häusliche Umfeld in einer Weise umzuwandeln, die dem nicht jagenden Teil der Familie das Äußerste an Toleranz abverlangt. Wir reden jetzt nicht von den Rehbockgehörnen, Keilerwaffen und Gamskrucken, die er ja erst noch erbeuten muss, bevor er damit der Wohnung ein neues, unverwechselbares Gepräge geben kann. Schon indem er die Voraussetzungen für solche Jagderfolge schafft, führt der Jagdscheininhaber Dinge in den Haushalt ein, an die Frau und Kinder nicht im Traum dachten. Das beginnt mit Flinte, Büchse und einem Waffenschrank, für den erst einmal ein Platz gefunden werden muss, und hört mit Jagdmessern, Wildwannen, Aufbruchzangen, Rehlockern und allerlei signalfarbenen Kopfbedeckungen nicht auf. In den Katalogen der Jagdausstatter, die den Briefkasten des Jagdscheininhabers verstopfen, entdeckt dieser immer neue Sonderangebote von olivgrünen oder gedeckt karierten Hemden mit Plastikknöpfen in Hirschhornanmutung, Moleskin-Bundeswehrhosen, Naturkautschuk-Gummistiefeln, Wildbergehaken, Rucksäcken mit integriertem Hocker, Stiefelheizungen und chemischen Handwärmern. Die Kinder finden es irgendwann nicht mehr lustig, wenn für ihren Jagdschein-Vater jeden Tag Weihnachten ist. Neid nagt am familiären Frieden. Der Jagdscheininhaber muss jetzt schleunigst beweisen, dass das viele Geld für all das

Zeug, das er herbeischafft, sinnvoll investiert ist. Er muss Beute nach Hause bringen und den Seinen ein Mahl bereiten, wie sie noch keines hatten. Wenn die Kinder sich beklagen, dass es schon wieder Rehkeule oder Wildschweinrücken gibt, dann ist die familiäre Reintegration des zum Jäger gewordenen Jagdscheininhabers ein gutes Stück vorangekommen. Es gibt wieder Hoffnung.

Der Tag, an dem ich die Jägerprüfung bestand und damit die wichtigste Bedingung für das Lösen des ersten Jagdscheines erfüllte, erscheint mir rückblickend wie eine Lebenswende. Die Jagd ist zu einem zentralen Teil meines Lebens geworden. Inzwischen bestimmt sie direkt oder indirekt nicht unerheblich auch meine journalistische Berufsarbeit. Weder das Abitur noch die Universitätsexamen versetzten mich in ein solches Hochgefühl wie das Bestehen der Jägerprüfung. Sie war das einzige Examen, bei dem ich ernsthaft mit dem Risiko des Durchfallens konfrontiert war. Nie hat mir die Vorbereitung auf eine Prüfung aber auch so viele neue Wissensgebiete erschlossen.

Manche Leute machen die Jägerprüfung, obwohl sie ernsthaft gar nicht jagen wollen. Es geht ihnen allein um das Wissen, um den vielfältigen Stoff, der nirgendwo sonst so konzentriert geboten wird und verarbeitet werden muss wie in der Vorbereitung auf das sogenannte Grüne Abitur. In der Schule jedenfalls erfährt man heute wenig oder nichts über die Zoologie unserer wild lebenden Säugetiere und Vögel, nicht nur jener, die zum jagdbaren Wild gehören. Auch Land- und Forstwirtschaft gehören nicht mehr zum Kanon der Allgemeinbildung.

Der angehende Jäger muss sich darüber hinaus in den Rechtskreisen auskennen, die sein künftiges Tun berühren, also im Jagdrecht, im Forstrecht, im Naturschutzrecht, im Waffenrecht, im Lebensmittelrecht. Er muss entscheiden können, ob ein erlegtes Wild genusstauglich ist oder erst noch einer veterinärmedizinischen Fleischuntersuchung zu unterziehen ist. Im Fach Jagdbetrieb geht es um Jagdmethoden und Jagdeinrichtungen wie Hochsitze, Pirschwege oder Wildäcker, um Sicherheitsvorschriften und die Organisation von Treib- und Drückjagden. Die Ausbildung und das Führen von Jagdhunden gehören ebenso zum Stoffpensum wie die Grundzüge der Schusswaffentechnik. Und natürlich: Nichts geht ohne eine gründliche Schießausbildung an jenen Waffen, die bei der Jagd eingesetzt werden. Das ist die Flinte für den Schrotschuss auf bewegliche Ziele wie Hasen, Kaninchen oder Enten. Das ist die Büchse für den Kugelschuss auf Reh, Hirsch oder Sau. Und das sind auch die Pistole oder der Revolver für den Fangschuss auf verletztes Wild aus kurzer Entfernung.

Die meisten Kandidaten fallen beim Schießen durch. Sie brauchen dann zum theoretischen und praktischen Teil der Prüfung nicht mehr anzutreten. Bei der Theorie sind etwa 100 Fragen aus den verschiedenen Fachgebieten im Multiple-Choice-Verfahren zu beantworten. Im praktischen Teil sind Tiere, Pflanzen, Federn, Eier, Skelettteile oder Fährten zu bestimmen. Die wichtigsten Jagdsignale müssen erkannt werden. Und noch einmal geht es um die Sicherheit beim Umgang mit Waffen. Wer aufgefordert wird, einen Hochsitz zu besteigen und vergisst, den Drilling zu entladen, bevor er den Fuß auf die erste Leitersprosse setzt, der kann nach Hause gehen. Im Einzelnen unterscheiden sich die Prüfungsanforderungen von Bundesland zu Bundesland geringfügig. Aber die Prüfung wird im ganzen Bundesgebiet anerkannt, wie ja auch der Jagdschein, anders als etwa in Österreich, bundesweite Gültigkeit hat. Das einheitliche »Recht der Jagdscheine« ist die einzige Kompetenz, die der Bund sich bei der Föderalismusreform von 2006 in Sachen Jagd noch vorbehalten hat. Ansonsten ist das Jagdwesen vollständig in die Zuständigkeit der Länder übergegangen. Es gibt zwar noch das Bundesjagdgesetz als Rahmengesetz, doch können die Länder – bis eben auf den Jagdschein – beliebig davon abweichen. Und langsam beginnen sie, Gebrauch davon zu machen.

In den meisten Bundesländern ist die Teilnahme an einem Vorbereitungskurs für die Jägerprüfung Pflicht. Es ist genau vorgeschrieben, wie viele Stunden theoretischen und praktischen Unterrichts er umfassen muss. Früher musste in manchen Ländern der Neuling sogar eine Art »Lehrzeit« bei einem Revierinhaber, dem sogenannten »Lehrprinzen«, absolvieren. Davon ist man abgekommen, weil ein solch patriarchalisches Institut der gesellschaftlichen Realität kaum mehr entspricht. Immer mehr »Jungjäger« sind schon reif an Jahren, stehen im Beruf und haben selbst Kinder im Lehrlingsalter. Sie nähmen sich unter der Fuchtel eines Lehrherrn ein bisschen merkwürdig aus. Konservativen Jägern ist diese Entwicklung nicht geheuer. Sie fürchten, der Nachwuchs werde nicht mehr im rechten Geist des deutschen Waidwerks erzogen. Sie beklagen den Traditionsverlust und haben dabei aus ihrer Sicht nicht ganz unrecht. Für die Jagd muss es allerdings kein Schaden sein, wenn Jäger heranwachsen, denen die Bräuche und Gewohnheiten der Altvorderen nicht ehernes Gesetz sind.

Ein Jahr etwa dauern die Kurse, die von den Kreisjagdvereinen oder Kreisjägerschaften angeboten werden. Zwei Abende in der Woche und den Samstag muss man sich dafür frei halten. Dass man darüber hinaus in jeder freien Minute büffelt und seinen *Blase* oder seinen *Krebs* – das sind zwei der klassischen Lehrbücher – so gut wie auswendig lernt, wird vorausgesetzt. Den Ausbildungsmarkt beherrschen jahrzehntelang die Organisationen der Jäger. Er war also eigentlich kein Markt, sondern ein Closed Shop, ein korporativ abgeschirmtes Feld. Seit einigen Jahren aber erwächst den Jagdvereinen eine immer stärker werdende Konkurrenz in Form von privaten Jagdschulen, die ihr Angebot dem knappen Zeitbudget ihrer Kunden anpassen. Sie sind in den vergangenen Jahren wie Pilze aus dem Boden geschossen. Auf seitenlangen Anzeigenstrecken bieten sie ihre Dienste in den Jagdzeitschriften an. Der Klassiker ist der Drei-Wochen-Kompaktkurs. Es werden auch Managerkurse angeboten, in denen der Stoff viel beschäftigten Führungspersönlichkeiten in noch kürzerer Zeit eingetrichtert wird.

Die Traditionalisten unter den Jägern sehen das natürlich mit Schaudern. Solche Schulen brächten höchstens Jagdscheininhaber, aber niemals Jäger hervor, sagen sie. Damit mögen sie recht haben. Doch geht es auch bei dem, der ein rechter Jäger werden will – was das sei, darüber gehen die Meinungen heute immer weiter auseinander –, nun einmal zuerst um den Schein, der alles Weitere eröffnet. Und die Prüfung, die zum Schein führt, die ist für alle dieselbe. Niemand bekommt in einer Jagdschule den Jagdschein geschenkt. Jagdschulen versuchen, ihren Schülern möglichst attraktive Lernbedingungen zu bieten. Die meisten verfügen über ein eigenes Revier, viele über einen eigenen Schießstand. Geleitet werden diese Jagdschulen oft von Berufsjägern oder Förstern. Auch bei den Dozenten wird auf Professionalität geachtet. Man bekommt also einiges geboten für die 2500 bis 3000 Euro, die für einen Kompaktkurs zu zahlen sind. Hinzu kommen die Kosten für Unterkunft und Vollpension in meist exquisiten Immobilien, vor allem im Osten.

Manches Herrenhaus in Mecklenburg-Vorpommern ist als Jagdschule zu neuem Glanz gekommen. Auf dem Rittergut Nustrow, dem Gut Grambow oder dem Gut Groß Stove kann der angehende Jäger oder die angehende Jägerin den Kurs mit einem Familienurlaub verbinden. Die Kinder lernen Reiten, während Mama oder Papa sich in die Zahnformeln von Dachs, Mauswiesel und Fuchs vertiefen, Rollhasen erlegen oder versuchen, den laufenden Papp-Keiler aufs Blatt zu treffen. Die Jagdvereine haben solches in der Regel nicht zu bieten. Dafür kostet die Ausbildung auch nur halb so viel wie in den Jagdschulen. Die allerdings scheinen das Zukunftsmodell zu sein. Deshalb gehen nun auch die Landesjagdverbände dazu über, eigene Jagdschulen zu unterhalten. Das Jagdausbildungsgewerbe ist eine Wachstumsbranche.

Ich habe mir mein Prüfungswissen noch auf die herkömmliche Weise in den Hinterzimmern von Vereinslokalen erworben, in denen ausgestopfte Bussarde den Geruch von Mottenpulver verströmten. Das hatte durchaus etwas Heimeliges. Es war die Zeit, in der in meiner Berufswelt gerade der Computer Einzug hielt und das Schreiben und Redigieren zur Bildschirmarbeit wurde. Der Jägerkurs war das Kontrastprogramm zur schönen neuen Redaktionswelt. Hier saßen Bankangestellte und Handwerker, Studenten und Hausfrauen, Lehrerinnen und Polizeibeamte und schrieben sich Merksätze in ihre Hefte. Und am Wochenende trafen sie sich auf dem Schießstand oder nagelten im Wald Hochsitze zusammen, sammelten Kotpillen von Reh und Hirsch, lernten Fichten von Tannen, Buchen von Hainbuchen und die verschiedenen Ahornarten zu unterscheiden. Im Herbst und Winter krochen sie als Treiber durch die Dickungen und schleppten die erlegten Wildschweine zu den Waldwegen. Langsam kamen sie ihrem Ziel näher. An die Prüfung selbst habe ich kaum noch Erinnerungen. Ich weiß, wie erleichtert ich war, als der fünfte Rollhase auf den zweiten Schuss hin doch noch umkippte. Hätte er das nicht getan, wäre ich durchgefallen und möglicherweise nie Jäger geworden. Wer weiß, ob ich die Energie aufgebracht hätte, ein ganzes Jahr zu warten und einen zweiten Anlauf zu nehmen. Vielleicht war es ein Glückstreffer, der meinem Leben eine entscheidende Wendung gab.

Jägermeister

DAS GEWEHR

Mit dem Jagdschein kann man nicht einfach in den Wald gehen und jagen. Aber man kann in ein Waffengeschäft gehen und ein Gewehr kaufen, das wichtigste Handwerkszeug des Jägers. Das ist in Deutschland ein großes und höchst umstrittenes Privileg und unterscheidet den Rechtsstatus des Jägers, anders als in Amerika und auch den meisten europäischen Ländern, markant von dem der Nichtjäger. Zwar können auch Sportschützen – die zweite große Gruppe privater Waffenbesitzer – Schusswaffen kaufen. Doch so unkompliziert wie für Jäger ist das für sie nicht. Der Jagdschein bestätigt, dass bei seinem Inhaber die Voraussetzungen für den legalen Waffenerwerb vorliegen: ein Bedürfnis, Sachkunde und persönliche Zuverlässigkeit. Man geht also in ein Geschäft, kauft eine Büchse oder eine Flinte und nimmt sie mit nach Hause, wo sie in einem der Sicherheitsstufe A entsprechenden Waffentresor aus Metall eingeschlossen werden muss. Innerhalb von zwei Wochen ist der Erwerb bei der Waffenbehörde zu melden. Dort wird die Waffe in die Waffenbesitzkarte eingetragen, die der Jäger, wenn er mit dem Gewehr unterwegs ist, neben dem Jagdschein immer mitführen muss. So einfach und überschaubar ist die Prozedur jedenfalls bei sogenannten Langwaffen. Das sind

Schusswaffen mit einer Länge von mehr als 60 Zentimetern, also Gewehre.

Kurzwaffen – Pistolen oder Revolver –, also Waffen, die verdeckt getragen werden können und im kriminellen Geschehen eine große Rolle spielen, bekommt auch der Jäger nicht so einfach nach Vorlage des Jagdscheins. Die Erwerbserlaubnis muss vor dem Kauf in die Waffenbesitzkarte eingetragen werden. Das ist aber bei bis zu zwei Kurzwaffen reine Formsache, weil pauschal angenommen wird, dass Jäger zwei Kurzwaffen benötigen, eine großkalibrige und eine kleinkalibrige. In Wirklichkeit brauchen die meisten Jäger weder Revolver noch Pistolen, denn jagen darf man mit ihnen gar nicht. Sie dürfen nur eingesetzt werden, um verletztes oder in einer Falle gefangenes Wild zu töten. Wenn ein angefahrenes Tier auf oder an der Straße liegt, dann kann es aus Sicherheitsgründen nötig sein, ein Pistole und nicht ein Gewehr für den Fangschuss zu verwenden. Jagdpächter, Forstbeamte und Jagdaufseher kommen in solche Situationen. Das Gros der Jäger gibt außerhalb des Schießstandes nie einen Schuss aus einer Kurzwaffe ab. Man erspart sich eine Menge Aufwand, wenn man auf solche Waffen verzichtet, weil für sie noch strengere Aufbewahrungsvorschriften gelten als für Langwaffen. Zum Beispiel muss ein stärkerer Tresor her.

Ich will darauf verzichten, noch tiefer in die Details des Bundeswaffengesetzes zu gehen, das für Juristen ein echter Leckerbissen ist. Eine Sache allerdings muss noch geklärt werden: der Unterschied zwischen dem Transportieren und dem Führen einer Waffe. Der ist nämlich entscheidend dafür, wann und wo der Jäger überhaupt als Waffenträger in Erscheinung treten darf. Führen, das heißt zugriffsbereit tragen, darf er sein Gewehr auf der Jagd und auf dem Weg von und zur Jagd. Wenn ich in meinem Dorf auf die Jagd gehe, hänge ich mir die Flinte um, steige aufs Rad und fahre hinaus ins Revier. Wenn ich aber die Flinte zum Büchsenmacher bringen will, dann darf ich sie nur transportieren, also in einem verschlossenen Behältnis, einem Futteral mit Vorhängeschloss, das den direkten Zugriff verhindert, von einem Ort zum anderen bringen. Ich habe noch nie ausprobiert, was passieren würde, wenn ich in Berlin mit umgehängtem Gewehr auf dem Fahrrad zur Jagd in die Rieselfelder von Pankow führe. Formal gesehen wäre das legal, praktisch gesehen aber kaum empfehlenswert wegen des Schweifes von Blaulichtern, die man als Grünrock hinter sich herzöge. Bewaffnete Bürger passen bei uns nicht ins Straßenbild.

Deshalb fährt der Jäger in der Regel mit dem Auto zur Jagd. Die Bahn fällt aus. Sie verweigert den Transport von Schusswaffen, weshalb auch der sensibelste Öko-Jäger auf private Motorisierung angewiesen ist. Die Bahn sollte überlegen, ob sie nicht außer Mutter-Kind-Abteilen auch Jäger-Hund-Abteile anbieten könnte. Sie müssten mit einem nur vom Zugpersonal zu öffnenden Waffengepäckfach ausgestattet sein. Vielleicht ließe sich so das eine oder andere Allradmonster von der Straße bringen. Ich nähme diesen Service gern in Anspruch, um mir so oft wie möglich die 600 Kilometer Autobahn von Berlin ins Hessische Ried zu ersparen.

Wenn ein Jäger sagt, die Waffe sei für ihn nichts als ein Werkzeug, dann glaubt ihm das kaum jemand, obwohl nach meiner Erfahrung die meisten Jäger tatsächlich ein ausgesprochen nüchternes und pragmatisches Verhältnis zu ihren Waffen haben. Doch Waffen, zumal Schusswaffen, lassen sich nicht auf ihre Materialität und Funktionalität reduzieren. Sie sind immer auch Symbole, kulturelle Zeichen, Kultgegenstände. Am Anfang der Geschichte war die Grenze zwischen Waffe und Werkzeug noch fließend. Ein Faustkeil konnte zum Töten und zum Nüsseknacken verwendet werden. Ähnlich ist es heute noch mit Küchenmessern. Sie fallen nicht unter das Waffengesetz, obwohl sie beliebte Mordwerkzeuge sind. Werkzeuge bekommen als Waffen erst dann die Aura des Besonderen, wenn sie nicht für jeden zugänglich und zu Insignien von Macht und Herrschaft geworden sind, wie das Schwert, das der Unfreie nicht tragen durfte. Die dunkle Faszination, die von Schusswaffen ausgeht, beruht auf der absoluten Überlegenheit, die ihr Besitz jedem Unbewaffneten gegenüber verleiht. Man kann mit ihnen auf große Distanz töten. Jeder, der eine Schusswaffe anfasst, spürt den Kitzel dieser Ermächtigung und ahnt die Furcht und den Schrecken, die sie hervorrufen kann.

Der Zugang zu Waffen ist in der Geschichte immer ein entscheidender Konfliktpunkt der gesellschaftlichen und politischen Machtkämpfe gewesen. Im Mittelalter setzte der Adel Schritt für Schritt die Entwaffnung der Bauern durch. Die Parole der Demokratie hieß seit der Französischen Revolution »Allgemeine Volksbewaffnung«. Jeder sollte Waffen tragen dürfen. In Amerika und in der Schweiz wird das heute noch als elementare Freiheitsbedingung betrachtet. Gerade haben die Eidgenossen in einer Volksabstimmung eine Verschärfung des Waffenrechts zurückgewiesen. In Deutschland ist der Glaube daran, dass Demokratie und Volksbewaffnung Geschwister seien, in zwei Diktaturen zerbrochen. Waffen verströmen bei uns das Aroma des Autoritären, nicht das der Freiheit. Und privater Waffenbesitz gilt nicht als selbstverständliches Bürgerrecht, sondern grundsätzlich als Risiko für die öffentliche Ordnung, weswegen er gesetzlich rigide reglementiert und eingedämmt wird. Noch bis Anfang der 1970er-Jahre allerdings konnte jeder erwachsene Bürger bei Neckermann eine Büchse oder eine Flinte bestellen. Dem schob erst das 1972 von der sozialliberalen Koalition verabschiedete Bundeswaffengesetz einen Riegel vor, das, mehrfach verschärft, heute noch gilt.

Zuletzt wurde es nach dem Amoklauf von Winnenden im Frühjahr 2009 geändert, bei dem ein Jugendlicher mit der Pistole seines Vaters 15 Menschen und sich selbst tötete. Die Behörden dürfen seit dieser Änderung verdachtsunabhängig und ohne richterlichen Hausdurchsuchungsbefehl kontrollieren, ob Waffen und Munition den Vorschriften entsprechend aufbewahrt werden. Verweigert der Waffenbesitzer den Amtspersonen mehrfach den Zutritt zu seiner Wohnung, kann das Zweifel an seiner waffenrechtlichen Zuverlässigkeit begründen, woraufhin dann ein Verfahren eingeleitet würde, ihm die Waffenerlaubnis zu entziehen. Wer eine Waffe besitzt und sie behalten möchte, sollte nicht allzu stur auf das Prinzip der

Unverletzlichkeit der Wohnung pochen. Die Berufung auf ein verfassungsmäßiges Grundrecht könnte schmerzhafte Konsequenzen nach sich ziehen. Wer sich eine Schusswaffe ins Haus holt, muss sich damit abfinden, dass er unter besonderer Beobachtung des Staates steht. Die bürgerrechtlichen Reflexe der Zivilgesellschaft, auf die sonst bei jeder wirklichen oder vermeintlichen Diskriminierung, bei jedem Eingriff in die Grundrechte Verlass ist, bleiben in diesem Fall aus.

Das rechtliche, politische und gesellschaftliche Gelände, auf das man sich begibt, wenn man sich bewaffnet, ist also nicht sehr einladend. Wer jagen will, kommt aber nicht darum herum, sich dort hineinzubegeben.

Zwei Gewehre braucht ein Jäger mindestens: eine Flinte für den Schrotschuss und eine Büchse für den Kugelschuss. Es gibt auch kombinierte Waffen, die beides vereinen. Bei Büchsflinten, Bockbüchsflinten oder Drillingen werden ein Flintenlauf beziehungsweise zwei Flintenläufe mit einem Kugellauf kombiniert. Mit einem solchen Gewehr ist man eigentlich für alle Fälle gerüstet, wenn man Abstriche macht. Ein Drilling etwa kann nie eine vollwertige Flinte sein, weil er zu schwer ist und seine Läufe zu kurz sind. Bei Drückjagden auf Wildschweine oder Hirsche, die mit der Kugel erlegt werden müssen, hat er den Nachteil, dass er nach jedem Schuss neu geladen werden muss, ein schneller zweiter Schuss wie bei einem Repetiergewehr oder einer Doppelbüchse also nicht möglich ist. Kombinierte Gewehre sind außerdem ziemlich teuer. Deshalb kaufen frischgebackene Jäger in der Regel als

Erstes eine Flinte und eine Repetierbüchse. Damit sind sie im Laufe ihrer Ausbildung auch am besten vertraut gemacht worden.

Jagdgewehre haben sich in den vergangenen 100 Jahren in der Technik und im Design wenig verändert. Es fällt kaum auf, wenn man mit Großvaters Flinte aus der Vorkriegszeit zur Hasenjagd kommt. Ästhetisch erinnern mich Jagdgewehre an Holzblasinstrumente, an Klarinetten oder Oboen. Das hängt wohl mit der für beide typischen handwerklichen Kombination von Holz und Metall zusammen und möglicherweise eben auch damit, dass beide etwa zur selben Zeit, Ende des 19. Jahrhunderts, zu ihrer heutigen Gestalt gefunden haben. Und sie sind beide äußerst langlebig. Ihre Lebensdauer übersteigt bei Weitem die ihrer Besitzer. Wenn man heute die Produktion von Holzblasinstrumenten und Jagdgewehren einstellte, könnten auch in 100 Jahren noch philharmonische Konzerte und Treibjagden stattfinden. Schon durch sein Handwerkszeug wird der Jäger also auf einen eher gemächlichen Gang des technischen Fortschritts eingestellt.

Von der Waffenindustrie angepriesene revolutionäre Neuerungen beziehen sich meist auf Details und verbessern nicht die Schussleistung, sondern die Sicherheit der Waffe, was höchst löblich ist, jedoch nicht darüber hinwegtäuschen sollte, dass der größte Unsicherheitsfaktor und die Hauptunfallursache der die Waffe handhabende Mensch ist. In jüngster Zeit ist eine Generation von Repetierbüchsen auf den Markt gekommen, bei denen auf eine Sicherung verzichtet werden kann, weil sie durch das Laden nicht automatisch gespannt sind. Es liegt eine Patrone schussbereit vor dem Lauf. Der Schlagbolzen wird erst direkt vor dem Schuss mit einem Schalt- oder Schiebeknopf gespannt. Das ist aber nur beim ersten Schuss so. Beim Repetieren wird die Waffe automatisch gespannt und muss entspannt werden, wenn ein weiterer Schuss nicht abgegeben wurde. Das neue »Handspannersystem« verhindert also zuverlässig, dass sich unbeabsichtigt ein Schuss löst, wenn der Jäger etwa durchs Gebüsch kriecht und ein Ast den Sicherungsknopf in Feuerstellung bringen könnte. Es schließt aber nicht aus, dass der Jäger durch einen Bedienungsfehler eine geladene, gespannte und nicht gesicherte Waffe mit sich herumträgt. Wirklich sicher ist nur ein entladenes Gewehr. Daran führt keine technische Tüftelei vorbei. Kein Jäger soll glauben, er könne Sicherheit kaufen.

Als segensreich im Sinne der Sicherheit hat sich die Verbesserung der Abzugsmechanik erwiesen. Sie ermöglichte den Abschied vom Stecher, einer Art Vorabzug bei Büchsen, mit dem der Widerstand beim eigentlichen Abzug so reduziert wird, dass man ihn nur mit dem Finger antippen muss, um den Schuss auszulösen. Wehe, man vergaß das Sichern, wenn man nicht zum Schuss kam. Dann knallte es beim »Entstechen« unweigerlich. Und ein »eingestochenes«, nicht gesichertes Gewehr konnte schon losgehen, wenn man es etwas unsanft auf dem Boden abstellte. Heute sind all diese gefährlichen Umständlichkeiten nicht mehr nötig, weil die modernen Abzüge einerseits hart genug sind, um nicht schon von einem Lufthauch betätigt zu werden, andererseits aber weich genug, um ein Verwackeln des Schusses durch allzu großen Kraftaufwand im Schießfinger zu verhindern.

Die Jagd steht in dem Ruf, ein »teures Hobby« zu sein. Wer will, kann in der Tat ein Vermögen für Jagdgewehre ausgeben. Edle englische Flinten kosten so viel wie ein Auto der gehobenen Mittelklasse. Es gibt aber aus russischer Produktion auch welche für weniger als 500 Euro. Bei den Büchsen ist es das Gleiche. Eine Sonderanfertigung aus der Werkstatt eines Ferlacher oder Suhler Büchsenmachers ist für einen Normalsterblichen nicht erschwinglich. Aber für 1000 Euro bekommt man auch schon ein ganz ordentliches Gewehr. Die gehobene Mittelklasse bei den Repetierbüchsen liegt bei etwa 2500 bis 3000 Euro. Diese mittleren Audis und BMWs des Waffensektors kommen von Blaser, Sauer, Mauser oder Mannlicher. Die Golf-Klasse wird vor allem von finnischen und amerikanischen Herstellern bedient. Im weiten Feld darunter tummeln sich die Osteuropäer. Und weil der Gebrauchtwaffenmarkt überschwemmt ist – sie gehen eben nicht kaputt, die Schießeisen –, hat man eine zusätzliche Chance, für wenig Geld an das nötige Rüstzeug zu kommen.

Eine ebenso große Preisspanne wie bei den Waffen gibt es bei der sogenannten »Optik«, den Zielfernrohren und Ferngläsern. Daran sollte der Jäger möglichst nicht sparen. Wirklich schlechte Gewehre findet man eigentlich nicht, schlechte Zielfernrohre und Ferngläser schon. Aber es müssen auch hier nicht die neuesten technischen Wunderwerke von Zeiss oder Swarowski sein. Kurz und gut: Die Grundausstattung für einen Jäger ist nicht billig, aber sie muss kein Vermögen kosten. Mit 4000 Euro kommt man schon ziemlich weit.

Irgendwann ist es dann so weit, dass man mit diesem neu erworbenen Zeug hinaus in den Wald geht. Die neue Büchse hat man bisher nur auf dem Schießstand ausprobiert und auf Rehböcke oder Wildschweine aus Pappe geschossen. Nun soll damit einem Tier aus Fleisch und Blut das Lebenslicht ausgeblasen werden. Ein großherziger Jagdpächter hatte mich eingeladen, in seinem Revier zu jagen. Als wir uns auf einem Parkplatz im Wald trafen, fragte er mich, was ich schon erlegt hätte. Nichts, musste ich antworten. Ich stieg mit meinem neuen Gewehr und meinem viel zu großen Fernglas, das schwer an meinem Hals baumelte, in seinen Geländewagen, und er fuhr mich zu einem Hochsitz an einer Lichtung. Ein Wildschwein sollte ich schießen. Es war noch hell, doch der Vollmond stand an diesem Frühsommertag schon am Himmel. Richtig dunkel würde es nicht werden. Ich kletterte mit zitternden Knien die Leiter hoch. Oben auf dem Sitz schob ich das Magazin in meine Büchse, repetierte eine Patrone in den Lauf und schob den Sicherungsknopf zurück. Da lag nun das Gewehr vor mir auf der Brüstung. Sein Lauf schimmerte, sein Schaft roch nach Waffenöl. Der Gedanke, damit demnächst vielleicht ein Schwein zu töten, erschien mir in diesem Moment unfassbar.

Es zeigte sich zunächst auch kein Schwein. Erst als das Tageslicht geschwunden war und Wolkenschleier das Mondlicht dämpften, kam Leben in den Wald. Knacken im Unterholz kündigte die Sauen an. Dann waren leises Grunzen und manchmal ein kurzes Quieken zu hören. Und plötzlich war die Bühne bevölkert von schwarzen Tieren, großen und kleinen. Bachen und ihre Frischlinge machten sich über die Maiskörner her, die ich unter schweren Steinen als Lockfutter auf der Lichtung versteckt hatte. Durch das Zielfernrohr konnte ich ihre Borsten erkennen. Hell genug zum Schießen war es. Ich suchte mir einen Frischling aus. Man darf sich darunter keinen gestreiften Winzling vorstellen. Im Sommer können Frischlinge gut und gern 15 oder 20 Kilo wiegen. Man muss sich auf ein Tier konzentrieren und schießen, wenn die Gelegenheit günstig ist. Es hat keinen Zweck, im Gewusel einer Wildschweinrotte von Ziel zu Ziel zu springen. Als mein Frischling einen Moment so verharrte, dass durch den Schuss kein anderer verletzt werden konnte, krümmte ich den Finger. Der Knall war so laut, dass ich dachte, nun wisse die ganze Welt, was ich getan habe.

Nach dem Schuss war die Bühne leer. Im Unterholz hörte ich das Knacken der flüchtenden Rotte. Wo mein Frischling liegen sollte, lag nichts. Der Jagdaufseher holte mich ab. Sein Hund hatte den Frischling sofort in der Nase. Er war nicht weit gekommen. Gleich unter den Randfichten lag er, mausetot, mit einem kleinen Loch auf der einen und einem größeren Loch auf der anderen Seite. Ich hätte ein Triumphgeheul anstimmen können. Eine wilde Freude erfüllte mich. Ich hatte gejagt, ich hatte Beute gemacht, ich hatte geschossen, ich hatte getroffen, das Wild war tot. Erst zu Hause, vor dem Einschlafen, bedrängte mich der Gedanke an das Unwiderrufliche dieses Aktes. So sehr mein Gewehr in all den Jahren seither zu einem Werkzeug geworden ist, das ich mit einiger Routine benutze – es flößt mir doch immer wieder Furcht ein.

Halali

DAS REVIER

Wenn am späten Novembernachmittag die Sonne untergegangen ist, es langsam duster wird und der Nebel die Korbweiden an den Entwässerungsgräben des Rieds grau umhüllt, hören wir mit der Hasenjagd in unserem Revier auf. Jäger, Treiber und Hunde klettern auf den Anhänger eines Traktors und fahren zum Vereinsheim der Angler, unserer Brüder, die uns Gastfreundschaft gewähren. Dort werden die erlegten Hasen in Reih und Glied zur Strecke gelegt, die Hörner blasen »Has' tot«, »Jagd vorbei« und »Halali«. Dann gibt es Hackbraten. Nach dem Essen packt einer das Akkordeon aus, und wir fangen an zu singen. Unser Lieblingslied geht so: »Ich bin ein freier Wildbretschütz und hab ein weit' Revier. So weit die braune Heide reicht, gehört das Jagen mir. Horrido. So weit der blaue Himmel reicht, gehört mir alle Pirsch auf Fuchs und Has' und Haselhuhn, auf Rehbock und auf Hirsch. Horrido.« Im weiteren Verlauf des Liedes kommt ein »frisches Mägdelein« vor, das einem anderen gehört, woran sich der freie Wildbretschütz natürlich nicht stört.

Der freie Wildbretschütz pfeift sowohl auf Reviergrenzen als auch auf die bürgerliche Moral. Er ist ein Wilderer, eigentlich der größte Feind des Jägers. Trotzdem bleibt er der unverwüstliche Held eines jagdfolkloristischen Schlagers. Er lebt als lustiger Rebell gegen alle Obrigkeit und Sitte den Traum der unbeschränkten Jagdfreiheit. Kein Jäger würde ihn in seinem Revier dulden. Aber nach der Hasenjagd, wenn es gemütlich wird, schmettern die Jäger seinen Triumphgesang, als spräche er ihnen aus der Seele. Das Anarchische und das Autoritäre nisten in dieser Seele in intimer Nachbarschaft. Das ist eine Folge der jüngeren deutschen Jagdgeschichte, in der das Revolutionäre und das Reaktionäre unauflöslich miteinander verknüpft sind.

Die Grundlagen des deutschen Revierjagdsystems wurden in der bürgerlichen Revolution von 1848 gelegt. Das Jagdrecht ist eine der wenigen revolutionären Errungenschaften, die in ihrem Kern nie zurückgenommen wurden. Seine gesetzliche Ausgestaltung in den nachrevolutionären Jahrzehnten war jedoch immer von dem Bestreben geprägt, die freie Jagd wieder einzudämmen.

Das Revier, das ich im Hessischen Ried zusammen mit drei anderen Jägern, einem Polizeibeamten, einem pensionierten Lehrer und einem Rentner, gepachtet habe, umfasst etwa die Hälfte der Gemarkung meines Heimatortes Groß-Rohrheim. Verpächter ist die Jagdgenossenschaft. Ihr gehören die Eigentümer aller Grundstücke an, die zu diesem Revier, der gesetzliche Terminus heißt »Jagdbezirk«, zusammengefasst sind. Die Jagdgenossenschaft ist eine Körperschaft des öffentlichen Rechts. Jeder, der Grundeigentum außerhalb geschlossener Ortschaften besitzt, ist automatisch Mitglied einer solchen Jagdgenossenschaft. Austreten kann er nicht. Er bringt sein Jagdrecht, das ihm als Eigentümer auf seinem Grund und Boden zusteht, in die Genossenschaft ein, die es stellvertretend für ihn an einen oder mehrere Jäger verpachtet. Dem Jagdpächter gehört das Wild nicht, das in seinem Revier lebt. Es ist rechtlich gesehen herrenloses Gut. Aber der Pächter hat das Recht und die Pflicht, es zu hegen, zu jagen und sich anzueignen. Sobald er in den Besitz des Wildes gekommen ist, gehört es ihm. Mit dem Verkauf von Wildbret kann er einen Teil der Pachtkosten decken. In früheren von Hasen gesegneten Zeiten war mit einer Jagd sogar ein Gewinn zu erwirtschaften. Heute übersteigt der Ausgleich von Wildschäden, zu dem die Jagdgenossenschaften die Pächter in der Regel verpflichten, oft den Jagdpachtzins. Wildschäden sind zudem als finanzielles Risiko schwer kalkulierbar. Deswegen wird es für manche Jagdgenossenschaften schwer, Pächter zu finden, vor allem in Gegenden, in denen es viel Mais und viele Wildschweine gibt.

Im Westen und im Osten sind die Grenzen unseres Reviers klar, es sind dies die Mitte des Rheins und die Bahnlinie Frankfurt–Mannheim. Im Norden und Süden ist die Reviergrenze nicht so augenfällig. Man muss sich mit Grenzgräben und Grenzsteinen auskennen. Wir Jäger haben diese imaginären Linien verinnerlicht, denn sie sind für uns von entscheidender Bedeutung. Mit einem Schritt kann man vom Jäger zum Wilderer, vom Sachwalter eines öffentlichen Auftrags zum Straftäter werden. Denn wenn ich auf der Jagd fahrlässig oder vorsätzlich meine Reviergrenze überschreite, greife ich in fremdes Jagdrecht ein. Woher kommt es, dass ganz Deutschland von solchen Linien durchzogen ist, die kein Wanderer, kein Radfahrer, kein Pilzsammler kennt und zu kennen braucht, die aber für jeden, der mit der Jagd zu tun hat, wichtiger sind als Staatsgrenzen?

Jagdgeschichte ist Sozialgeschichte der prallsten Art. Nirgendwo wird der Graben zwischen oben und unten, werden die Konfliktlinien innerhalb der Gesellschaft deutlicher als hier. Wir lassen jetzt die langen Jahrtausende von der Steinzeit bis zum frühen Mittelalter aus, in denen die Jagd noch kein Herrschaftsrecht war und auch nach dem Entstehen herrschaftlicher Strukturen jedenfalls jedem Freien zustand. Erst im Fränkischen Reich kam es unter Karl dem Großen in großem Umfang zur Errichtung von Jagdprivilegien. In den königlichen Bannforsten war die Jagd dem König und seinen Ministerialen vorbehalten. Das ganze Mittelalter ist von diesem Prozess der jagdlichen Enteignung des einfachen Volkes, zumal der Bauern, geprägt. Adel und Fürsten rissen das Jagdrecht auch auf fremdem Grund und Boden an sich. Die Bauern hatten die herrschaftliche Jagd auf ihren Feldern und in ihren Wäldern zu dulden, die Wildschäden hinzunehmen und für die Jagdherren Hand- und Spanndienste zu leisten. Wenn es etwa in der Zeit der Bauernkriege im 16. Jahrhundert oder auch im Revolutionsjahr 1848 zu ländlichen Rebellionen gegen die herrschende Ordnung kam, dann war die Wut auf die feudalen Jagdprivilegien immer ein zentrales Motiv. Andererseits betrachteten Adel und Fürsten die Jagd wie nichts sonst als Ausweis ihrer hervorgehobenen Stellung in der gottgewollten Ordnung von oben und unten. Ein wildernder Bauer wurde nicht wie ein Dieb behandelt, sondern wie ein Staatsverbrecher. Es ging bei der Jagd ums Ganze, um die gesellschaftliche Ordnung schlechthin.

Seit dem ausgehenden Mittelalter wurde der Konflikt um die Jagd Gegenstand einer umfangreichen Flug- und Streitschriftenliteratur. Martin Luther donnerte gegen die Fürsten (dieses und die folgenden Zitate entnehme ich Werner Röseners *Die Geschichte der Jagd*): »Unsere Fürsten sündigen nicht allein damit, dass sie ihrem Amt nicht genug thun und sich der armen Unterthanen nicht annehmen, sondern sündigen ganz schwerlich, dass sie mit ihrem vielen Jagen die armen Leute beschweren, den armen Bauern und Ackerleuten die Früchte verderben, machen ihnen den Acker gar wüste.« Noch schärfer ging der Mansfelder Hofprediger Cyriacus Spangenberg mit den jagdbesessenen Fürsten ins Gericht. Sein 1560 erstmals gedrucktes Buch *Der Jagdteufel* war bis ins 18. Jahrhundert hinein eine weitverbreitete Programmschrift der antifeudalen Jagdkritik: »Was Schaden, Leides und Jammer, Unterdrückung und Verderb der armen Unterthanen durch das verfluchte Jagen zugerichtet wird, ist nicht auszusagen. So ist auch gar kein Barmherzigkeit bei den Oberherren, dass sie es nicht glauben, noch sich's annehmen. Das Wild zertremmet, frißet und macht ihnen ernstlich zu Schanden, was sie an Früchten gesäet und gepflanzt, ehe es recht hervorkommen kann, und weil es wächst und stehet, das müssen sie leiden und dürfen nicht wehren; so werden ihnen darnach beide vom Wilde und auch von der Herren und Junkern Jagdhunden ihr Vieh, Kälber, Ziegen, Schaf, Gänse und Hühner, bisweilen auch ihre

Haus- und Hofhunde, und oft dazu ihre Kinder und Gesinde zerrissen und beschädigt, davon wird ihnen nichts erstattet.« 200 Jahre später mahnte Adolf Freiherr von Knigge in seinem Buch *Über den Umgang mit Menschen*, ein Landes- oder Gutsherr dürfe nicht, um »das grausame Vergnügen einer Hirsch- und Schweine-Mezelei« zu genießen, »den Bauer zu einer Zeit, wo seine Gegenwart zu Haus ihn und seine Familie gegen Mangel schützen muss, mehrere Tage hintereinander in strenger Kälte mit leerem Magen herumlaufen und Ohren und Nasen erfrieren lassen«.

Es war ein Fanal, das auch in den deutschen Ländern wahrgenommen wurde, als in Paris die revolutionäre Nationalversammlung am 11. August 1789 die feudalen Jagdprivilegien entschädigungslos aufhob und den Grundeigentümern das Jagdrecht auf ihren eigenen Grundstücken zugestand. In Deutschland sollte es allerdings noch 60 Jahre dauern, bis das erreicht war. Auch nach der Bauernbefreiung im Zuge der napoleonischen und preußischen Reformen Anfang des 19. Jahrhunderts verteidigte der Adel sein »Jagdregal« zäh. Dieser Widerspruch, dass die Bauern einerseits formal Privateigentümer waren, aber zu Wilderern auf ihrem eigenen Grund wurden, wenn sie dort einen Hasen schossen oder in der Schlinge fingen, war – neben den Schäden, die überhöhte Rotwild- und Wildschweinbestände anrichteten – auf dem Lande ein entscheidender Treibsatz für das Geschehen im Revolutionsjahr 1848.

Die Nationalversammlung in der Frankfurter Paulskirche betrachtete denn auch das Jagdrecht als einen Gegenstand, der mit größter Dringlichkeit zu behandeln sei. Dass das feudale Jagdregal abgelöst werden müsse, war eigentlich nicht mehr umstritten. Heftig wogte jedoch die Debatte um die Frage, ob das mit oder ohne Entschädigung zu geschehen habe. Die große Mehrheit des Parlaments erwies sich in dieser Frage als radikal. Am 20. Dezember 1848 beschloss es, dass alle feudalen Jagdprivilegien entschädigungslos aufgehoben seien und den Grundeigentümern die Jagd auf ihrem eigenen Grund und Boden zustehe. Dieser revolutionäre Beschluss war Teil des Katalogs der »Grundrechte des Deutschen Volkes«, der in die Reichsverfassung eingehen sollte. Durch ein Gesetz vom 27. Dezember 1848 wurde er schon vor Fertigstellung der Verfassung in Kraft gesetzt. Die gesetzliche Ausgestaltung der Jagdausübung überließ die Nationalversammlung den einzelnen deutschen Staaten.

Eigentlich müsste der 20. oder der 27. Dezember der Feiertag der Jäger sein, denn die an diesen beiden Tagen des Jahres 1848 vollzogene Rechtsrevolution bildet die Grundlage, auf der heute noch gejagt wird. Stattdessen gehen sie am 3. November, am Tag des Heiligen Hubertus, in die Kirche und legen tote Hirsche vor den Altar. Dieser merkwürdige Heilige, ein fränkischer Adeliger des siebten Jahrhunderts, war nach der Legende ein wilder, ungezügelter Jäger, bis ihm auf einer Jagd in den Ardennen ein Hirsch mit einem Kruzifix zwischen den Geweihstangen erschien. Die einen sagen nun, er habe daraufhin der Jagd ganz abgeschworen, die anderen, er sei zum fürsorglichen Heger des Wildes geworden. Der historische Hubertus wurde Bischof vom Maastricht und Lüttich, und wahrscheinlich hat er weiter gejagt, weil Bischöfe das damals gar nicht anders kannten. Aber es ist bezeichnend, dass diese Erzählung über die freiwillige Zügelung adeliger Jagdlust und nicht die von der bürgerlichen Jagd als revolutionäre Errungenschaft benutzt wird, wenn die Jäger sich nach außen präsentieren und zeremoniell ihre Stellung in der Mitte der Gesellschaft beanspruchen. Den freien Wildbretschützen lassen sie nur hochleben, wenn sie beim Schüsseltreiben unter sich sind.

Wie ging es 1848 nun weiter mit der Jagdfreiheit? Standen die folgenden Jahrzehnte tatsächlich im Zeichen einer reaktionären Refeudalisierung, wie Wilhelm Bode und Elisabeth Emmert, zwei Vordenker des Ökologischen Jagdvereins, in ihrem 1998 erschienen Buch *Jagdwende* behaupten, das der jagdpolitischen Debatte der jüngsten Zeit entscheidende Anstöße gegeben hat? In welchem Umfang die faktische Jagdfreiheit im Revolutionsjahr tatsächlich genutzt wurde, ist heute schwer zu sagen. Die Schauergeschichten über wilde Knallereien in Wald und Flur, die Ausrottung des Großwildes und den Sittenverfall des Landvolkes stammen meist aus den Federn von Autoren, denen die bürgerlich-revolutionäre Richtung nicht passte. Örtlich mag es tatsächlich zu solch wildem Jagen gekommen und das Wild drastisch reduziert worden sein. Man muss aber bedenken, dass die Mobilität und also der Aktionsradius bürgerlicher und bäuerlicher Jäger damals noch sehr beschränkt war. Solche Szenen werden sich wohl überwiegend im näheren Umkreis der Dörfer und Kleinstädte abgespielt haben. Bode und Emmert argumentieren in dieser Frage widersprüchlich. Einerseits tun sie die Berichte über das revolutionäre Jagdchaos und die Vernichtung der Wildbestände als Propaganda der jagdpolitischen Reaktionäre ab, die den Bauern die Flinten wieder nehmen wollten. Andererseits betrachten sie die drastische Wildreduktion als Tatsache. Sie habe dem deutschen Wald eine »Verschnaufpause« verschafft, in der die alten Buchenbestände, an denen wir uns heute noch erfreuen können, entstanden seien. Eine Jagdstatistik, die Rückschlüsse auf die Wildbestände zuließe, gab es damals noch nicht.

Die Staaten des Deutschen Bundes machten unmittelbar nach der Revolution von ihrer Regelungskompetenz Gebrauch und erließen Jagdordnungen, die das wilde Treiben in geregelte Bahnen lenken sollten. Ein Grundgedanke wirkt bis heute. Das tatsächliche Jagdausübungsrecht durften nur Grundbesitzer wahrnehmen, deren zusammenhängender Besitz eine bestimmte Mindestgröße hatte. In der Preußischen Jagdverordnung waren das 300 Morgen, also 75 Hektar. So steht es auch heute im Bundesjagdgesetz. Eigentümer kleinerer Flächen durften auf ihrem Grund und Boden nicht jagen. Ihr Jagdrecht wurde durch die Gemeinde oder durch eine Jagdgenossenschaft verpachtet. Es gab, das gilt auch schon für die Zeit vor 1848, Versuche, den Kreis der Pächter einzuschränken, im Norden mehr als im liberaleren Süden, indem man ein bestimmtes Vermögen oder Selbstständigkeit zur Voraussetzung der Pachtfähigkeit machte. Aber weder städtische Bürger noch Bauern ließen sich nach 1848 wirklich aus der Jagd verdrängen. Sie boten mit dem städtischen »Sonntagsjäger« und dem bäuerlichen »Aasjäger« die Feindbilder, an denen sich die nun entstehende, um den Begriff »Waidgerechtigkeit« kreisende deutsche Jagdideologie abarbeitete.

Auch sie hat eine helle und eine dunkle Seite. Einerseits brachte sie den Gedanken der Selbstbeschränkung des Jägers zur Wirkung, der sich an bestimmte ungeschriebene Regeln zu halten habe. Das bedeutete damals zum Beispiel, keine weiblichen Rehe zu schießen und die Böcke nur, solange sie ihr Geweih trugen, also nicht im Winter auf der Treibjagd und schon gar nicht mit Schrot, wie die Bauern das taten, sondern ritterlich mit der Kugel. Der »waidgerechte« Jäger fütterte im Winter »sein« Wild, allerdings nur das Nutzwild. Dessen »Feinde« Wolf, Luchs, Wildkatze, Fuchs, Marder, Bussard, Habicht und wie sie alle heißen, bekämpfte er rigoros mit Pulver und Blei und Falle und gegebenenfalls auch mit Gift. Er hielt Totenwacht beim erlegten Hirsch und steckte ihm den »letzten Bissen« ins Maul. Er sorgte dafür, dass auf der Jagd brauchbare Hunde eingesetzt wurden, die das Leiden angeschossenen Wildes verkürzen konnten. Er verachtete die Hetzjagd mit der Hundemeute und hielt es für ein schlimmes Vergehen, den ruhenden Hasen in der Sasse zu schießen. Man stößt bei dieser mentalen und ideellen Verfassung sofort auf unlösbare Widersprüche.

Aber man sollte dabei nicht vergessen, dass die spezielle deutsche Jagdkultur, die hauptsächlich vom Forst- und Jagdpersonal der alten adeligen Eliten geprägt und über die Ende des 19. Jahrhunderts zu üppiger Blüte gelangten Jagdzeitschriften verbreitet worden war, dafür sorgte, dass in Mitteleuropa im Zeitalter der Hochindustrialisierung reiche Wildbestände erhalten blieben und wieder aufgebaut wurden. Zur gleichen Zeit verschwanden Wildarten wie Reh, Rothirsch oder Wildschwein in Frankreich, Italien, den Niederlanden oder der Schweiz fast völlig. Im Ausland galt Deutschland immer als Musterland der Jagd und Hege, als jägerische Kulturinsel. »Überhöhte Schalenwildbestände«, mit denen Jäger und Förster heute zu kämpfen haben und über die sie streiten, stellen ja eigentlich ein Luxusproblem dar.

Man könnte sich der »deutschen Waidgerechtigkeit« unbefangener nähern, wenn sie nicht in die Hände der Nationalsozialisten gefallen wäre – oder genauer: in die Hände von Hermann Göring, der als Reichsjägermeister mit dem Reichsjagdgesetz von 1934 zum ersten Mal das Jagdwesen für ganz Deutschland einheitlich regeln ließ. In seinen wesentlichen sachlichen Bestimmungen gilt es als Bundesjagdgesetz noch heute. Das bietet natürlich den vielfältigen Kritikern der Jagd die Gelegenheit, Jagd und Jäger pauschal unter Nazi-Verdacht zu stellen. Emmert und Bode sehen mit dem Reichsjagdgesetz die »Refeudalisierung« der Jagd als abgeschlossen. Es sei ein Gesetz wider die bäuerliche Jagd gewesen. Das ist wohl richtig. Erstmals wurde eine Jägerprüfung obligatorisch, für viele Bauern eine schwer zu überwindende Hürde. Auch dass nur natürliche Personen und nicht etwa Vereine oder Jagdgesellschaften Reviere pachten konnten, unterstreicht den elitären und exklusiven Zug des Gesetzes. Die Frage ist nur, ob das typisch nationalsozialistisch war.

Göring kam zu seiner jägerischen Allzuständigkeit als Reichsjägermeister, ohne sich vorher auf dem Gebiet der Jagd besonders hervorgetan zu haben. Die

Grundsätze, die das Reichsjagdgesetz bestimmten, also das Reviersystem, die Hegepflicht, die persönliche Verantwortung des Jagdpächters für den Wildbestand, der Tierschutz, aber auch die Forderung, dass die Wildbestände in Einklang mit den Belangen von Land- und Forstwirtschaft gebracht werden müssten, waren von Jägern und Forstleuten schon lange propagiert worden. Zu den umtriebigsten Jagdreformern zählte der Forstbeamte Ulrich Scherping, Geschäftsführer der Deutschen Jagdkammer, einer Organisation, die es sich zum Ziel gesetzt hatte, die organisatorische Zersplitterung der Jägerschaft zu überwinden und das Jagdrecht in Deutschland zu vereinheitlichen. In der Weimarer Republik wurde Scherping zum Hauptstrippenzieher der Jagdpolitik. Politisch hielt er sich zunächst an den jagdbegeisterten sozialdemokratischen Ministerpräsidenten von Preußen, Otto Braun, der auf dem Verordnungswege in Preußen schon vieles durchgesetzt hatte, was im Reich nachher Gesetz wurde. Ein komplettes neues Preußisches Jagdgesetz nach den Vorstellungen Scherpings, das zum Modell eines Reichsjagdgesetzes hätte werden können, kam im Untergangsstrudel der Weimarer Republik nicht mehr zustande.

1933 stellte Scherping sich auf die neuen Verhältnisse ein und suchte einen neuen Schirmherrn der Jagd. Auch nach dem Krieg gelang ihm eine solche Umstellung, selbstredend »im Dienste der Jagd« noch einmal, als er, nunmehr unter demokratischen Verhältnissen, 1953 zum Hauptgeschäftsführer des Deutschen Jagdschutzverbandes berufen wurde. 1933 fand Scherping seinen Schirmherrn in Göring, der jagdlich ziemlich unbeleckt, machtpolitisch aber instinktsicher war. Hätte er Jagd und Forst nicht an sich gerissen, wären diese beiden politisch nicht ganz unbedeutenden Felder möglicherweise in die Hand des Reichsbauernführers Walther Darré gefallen. Der hätte dann wohl ein Jagdgesetz erlassen, das man mit anderen Gründen als typisch nationalsozialistisch bezeichnen könnte: freie Büchse dem deutschen Bauern, Jagd als germanisches Urrecht des Reichsnährstandes und im Übrigen radikale Reduzierung der Wildbestände im Interesse der landwirtschaftlichen Autarkie. Göring arbeitete die Wunschliste Scherpings zügig ab. Der brauchte seine Entwürfe nur aus der Schublade zu ziehen. 1934 wurden sie Gesetz in Preußen, am 1. April 1935 im Reich. Scherping machte Karriere. Als Leiter des Reichsjagdamtes war er die rechte Hand des Reichsjägermeisters und damit Erfüllungsgehilfe von Görings Jagd-Größenwahn. Das verstrickte den »unpolitischen« Scherping tief in die nationalsozialistischen Verbrechen. Davon wird noch zu berichten sein, wenn wir von den Hirschparadiesen erzählen, die Göring im Osten errichten wollte.

Ein von nationalsozialistischer Ideologie durchdrungenes Gesetz war das Reichsjagdgesetz in seinen sachlichen Bestandteilen kaum. Es schrieb mit der Bindung des Jagdrechts an das Grundeigentum den 1848 erreichten Rechtszustand fest. Führende Nationalsozialisten wie Goebbels und Himmler und nicht zuletzt Hitler selbst waren im Übrigen ausgesprochene Jagdgegner. Dass im Dritten Reich die Jagd mit irrwitzigem Brauchtumsbrimborium inszeniert wurde, muss man als Göring'sche Sonderkultur betrachten.

Aber der Jäger Göring überbrückte die Distanz zwischen den alten bürgerlichen und adeligen Eliten und den nationalsozialistischen »neuen Männern«. Das Regime wusste, was es daran hatte, wenn es den Jägern nahezu sämtliche Wünsche erfüllte. Die Internationale Jagdausstellung, die es 1937 in Berlin ausrichtete, war international ein Propagandaerfolg, der fast an den der Olympischen Spiele im Jahr davor heranreichte, auch wenn Hitler, wie berichtet wird, missmutig und in großer Eile durch die gigantische Geweihknochenparade schritt.

1952 wurde das Reichsjagdgesetz, beschnitten um die von NS-Ideologie triefende Präambel und die Bestimmungen zur organisationspolitischen Gleichschaltung der Jägerschaft, als Bundesjagdgesetz vom Bundestag verabschiedet. Seit der Föderalismusreform von 2006 ist es für die Länder nicht mehr bindend. Rheinland-Pfalz hat sich vor Kurzem ein vollständiges eigenes Jagdgesetz gegeben, das sich nicht mehr auf das Bundesjagdgesetz als Rahmen bezieht. Doch dieses Gesetz übernimmt dort, wo es um die grundsätzlichen Rechtsbeziehungen zwischen Grundeigentümern und Jägern geht, wortwörtlich die Bestimmungen des Bundesgesetzes. Am Reviersystem wird nicht gerüttelt. Auch die Hegepflicht und der unbestimmte Rechtsbegriff der »Waidgerechtigkeit« – die ökologisch oder auch forstwirtschaftlich motivierten Kritikern des deutschen Jagdwesens ein Dorn im Auge sind, weil sie als Vorwand für zu nachlässige Jagd auf Hirsch und Reh dienen können – tauchen in ihm wieder auf. So schreibt sich das »Nazi-Gesetz« von 1934/35 fort und fort. In der Sache hat es sich offenbar bewährt. In eine grundsätzlich andere Richtung gehende Gegenentwürfe spielten in all den jagdpolitischen Auseinandersetzungen der vergangenen Jahrzehnte keine Rolle.

Dass Jagd auch anders organisiert werden kann, zeigte die DDR. Wir reden hier nicht von dem sozialistischen Jagdfeudalismus der Partei- und Staatsführung, von den abgeschirmten Revieren Honeckers, Mielkes oder Stophs, von den Sonderjagdgebieten der sowjetischen Truppen oder denen der Nationalen Volksarmee. Es gab in der DDR auch so etwas wie »normale« Jagd. Die Verbindung von Grundeigentum und Jagdrecht wurde zerschlagen und das Jagdrecht vom Staat an Jagdgesellschaften verliehen. Denen standen kostenlos in der Regel sehr große Jagdgebiete zur Verfügung. Das Wildbret war an den staatlichen Wildhandel abzuliefern. Manche älteren Jäger in den östlichen Bundesländern erinnern sich mit Wehmut an diese Verhältnisse, weil die Propagandaparole, dass die Jagd im Sozialismus »dem Volke« gehöre, doch einige Wahrheitskörnchen enthielt. Es war nicht so, dass nur linientreue SED-Mitglieder einen Jagdschein erhielten. Es genügte, nicht offensichtlich Dissident zu sein. Schwieriger als der Zugang zur Jagd war der zu Jagdwaffen. Die Führung misstraute dem Volk so sehr, dass sie privaten Waffenbesitz praktisch unterband. Jagdwaffen – meistens nur Flinten – wurden zentral beim Leiter der Jagdgesellschaft aufbewahrt und konnten nur ausgeliehen werden. Es gab immer weniger Gewehre als Jäger und nur in Ausnahmefällen Kugelbüchsen. Die wurden zwar in der thüringischen Büchsenmacherstadt Suhl in großer Zahl und hoher Qualität gefertigt, gingen aber als Devisenbringer in den Export. Die DDR-Jäger behalfen sich bei der Jagd auf Großwild mit sogenannten Flintenlaufgeschossen, mit denen man allerdings nur auf kurze Entfernung halbwegs präzise treffen kann. Daher kommt es, dass alte DDR-Jäger über gewisse Indianerfähigkeiten im Anschleichen verfügen.

Bei den Verhandlungen über den Einigungsvertrag wurde darüber gestritten, was vom DDR-Jagdrecht erhalten bleiben könne. Vor allem im Institut der Jagdgesellschaften sahen manche Fachleute und das Gros der DDR-Jäger einen Ansatzpunkt für ein reformiertes gesamtdeutsches Jagdrecht. Dazu kam es nicht. Die Bundesregierung bestand in den Einigungsverhandlungen darauf, dass das westdeutsche Jagdrecht ohne Abstriche auf die neuen Bundesländer übertragen werde, und erfüllte damit die zentrale Forderung der bundesdeutschen Jagdlobby.

Ich habe also eine Menge Geschichte und Politik im Rucksack, wenn ich auf die Jagd gehe. Das fröhliche Lied vom freien Wildbretschütz kommt mir unter der Last dieses Gepäcks nicht immer leicht über die Lippen. Zum Glück gehört auch persönliche Geschichte zu diesem Gepäck, wenn ich in meinem Revier unterwegs bin. Hier bin ich aufgewachsen, hier kenne ich jeden Baum und Strauch, hier steckt jeder Winkel voller Erinnerungen. Keinen der Orte, an denen ich bisher gelebt habe, kann ich so vorbehaltlos »Heimat« nennen wie mein Revier im Hessischen Ried. Die Gegend ist keine Postkartenlandschaft. Intensive Landwirtschaft, Getreide- und Rübenfelder prägen weithin das Bild, nur in den Rheinauen nicht, dort gibt es fast undurchdringliche Gehölze, Schilf und weite Wiesen. Als »mein Revier« betrachtete ich diese zehn Quadratkilometer Hessisches Ried schon als kleiner Junge. Von Jagdgrenzen wusste ich damals nichts. Aber mir will es scheinen, als hätten auch meine Streifzüge damals an diesen Grenzen geendet.

Obstfuchs

DER HUND

Diesen Augenblick werde ich nie vergessen: Nach Minuten bangen Wartens tauchte Viko auf der Hügelkuppe eines riesigen brandenburgischen Stoppelfeldes auf – und hatte die Ente im Maul. Und er brachte sie mir bis vor die Füße. Dass er sich nicht, wie es die Vorschrift will, brav vor mich hinsetzte und wartete, bis ich ihm den Vogel abnahm, war mir egal. Er hatte apportiert. Wenige Tage vorher noch war er weggeblieben, nachdem ich ihn auf die mit einer toten Wildente gezogene Spur gesetzt hatte. Ich ging ihn suchen und fand ihn inmitten eines Kranzes von Federn. Fein säuberlich hatte er die Brustfilets der Ente freigelegt und war dabei, sie genüsslich zu verspeisen. Da wurde ich zum ersten Mal wirklich grob zu meinem Hund. Ich stürzte mich knurrend wie eine alte Wölfin auf ihn, packte ihn am Nackenfell und schleuderte ihn einige Meter weit in die Botanik. Er war so eingeschüchtert, dass er sich von nun an weigerte, eine Ente überhaupt nur ins Maul zu nehmen. Eigentlich wollte ich zur Prüfung gar nicht mehr antreten. Wir hätten sowieso keine Chance, dachte ich. Ich fuhr nur hin, weil ich mich schon angemeldet und die Gebühr bezahlt hatte. Man kann das Unmögliche ja wenigstens versuchen.

Viko schien in sich gegangen zu sein. Auch das

Kaninchen brachte er. Auf der mit Hirschblut getupften Schweißfährte lief er wie am Schnürchen bis zu dem an ihrem Ende ausgelegten Fell. Er apportierte die Ente aus dem Wasser und ließ sich davon auch nicht abbringen, als über seinen Kopf hinweg geschossen wurde. Brav blieb er neben mir liegen, während Leute durch den Wald liefen und Treibjagd-Lärm veranstalteten. Als ich in die Luft schoss, hob er nur den Kopf. Er jaulte nicht, er bellte nicht, und er zerrte nicht an der Leine. Zum Stöbern hatte er allerdings keine Lust. Er ging nicht tief genug in die Dickung und kassierte dafür eine schwache Vier. Aber am Ende hat es gereicht. Viko ist nun ein nach den Landesgesetzen von Berlin und Brandenburg brauchbarer Jagdhund. Wenn er auf der Jagd einen Unfall verursacht, zahlt die Jagdhaftpflichtversicherung, die jeder Jäger abschließen muss. Brauchbare Jagdhunde sind damit abgedeckt. Nicht nur der Jäger also, auch sein Hund kommt an einem staatlichen Examen nicht vorbei.

Wäre Viko durchgefallen, hätte ich noch eine Schonfrist von einem Jahr gehabt, um die Brauchbarkeitsprüfung zu wiederholen. Hätte er es dann abermals nicht geschafft, müsste er zu Hause bleiben, wenn ich jagen gehe. Aus dem Jagdhund wäre wahrscheinlich ein hoch neurotischer Sofahund geworden, ein unausstehliches Vieh, dem es nicht erlaubt ist, seine wunderbaren Erbanlagen auszuleben, weil sein menschlicher Gefährte zu blöde war, sie in die richtigen Bahnen zu lenken. Man kann sich vorstellen, welche Last von mir genommen war, als ich das Brauchbarkeitszeugnis in den Händen hielt. Die Nacht senkte sich über die Mark Brandenburg.

Am klaren Herbsthimmel begannen die Sterne zu funkeln. Und während die Prüfungskandidaten ihre Siege oder Niederlagen begossen, schrien die Hirsche. Die Brunft war auf ihrem Höhepunkt. Jeder erlebt in seinem Leben einmal einen großen Moment. Das war einer.

Wenn ich mit Viko spazieren gehe, werde ich oft auf meinen »schönen Münsterländer« angesprochen. Ich bin dann jederzeit bereit, geduldig zu erklären, dass Viko kein Münsterländer, sondern ein Deutscher Wachtelhund ist, finde dafür aber selten Gehör. Ein langhaariger, mittelgroßer, braun-weiß melierter Jagdhund mit Schlappohren gilt nun einmal als Münsterländer. Miteinander verwandt sind die beiden Rassen sicherlich. Beide gehen zurück auf die sogenannten »Vogelhunde«, die schon in mittelalterlichen Jagdbüchern abgebildet sind. Sie dienten bei der Beizjagd, der Jagd mit dem Falken oder dem Habicht, dazu, das Wild aufzustöbern. Die Wachtelhunde sind Stöberhunde geblieben. Münsterländer gehören zu den Vorstehhunden. Sie bleiben wie angewurzelt am Platz, wenn sie frische Wildwitterung in die Nase bekommen. Im Wald, wenn man den Hund nicht immer sieht, nützt diese Verhaltensweise dem Jäger wenig. Heute erleben die Stöberhunde eine Renaissance. Ihr Einsatzgebiet sind vor allem die großen Bewegungsjagden auf Wildschwein, Hirsch und Reh. Stöberhunde sollen das Wild dazu bringen, sich zu bewegen, seine Einstände zu verlassen. Wenn sie eine frische Fährte aufgenommen haben, bellen sie. Dieser »Spurlaut« ist ihnen angeboren. Er ist die Voraussetzung dafür, dass man mit ihnen auf diese Art und Weise jagen kann.

Sie sollen sich dem Wild frühzeitig ankündigen, damit es nicht panisch vor ihnen flüchtet, sondern ihnen auf den vertrauten und den Jägern bekannten Wechseln ausweicht. Wenn es langsam zieht und immer wieder verharrt, um zu sehen, was der Kläffer macht, steigen die Chancen auf einen sicheren Schuss.

Die routinierte Feindvermeidung gehört zum normalen Verhaltensrepertoire des Wildes. Sie ist nichts Außergewöhnliches. Wachtelhunde neigen außerdem kaum dazu, sich zu Meuten zusammenzurotten, was eine weitere Sicherung dagegen ist, dass die Bewegungsjagd zur Hetzjagd wird. Erspart man dem Wild unnötigen Stress, macht sich das auch in der Küche bemerkbar. Sein Fleisch ist dann rosig und zart. Mit Adrenalin vollgepumpte Tiere dagegen sind zäh.

Wie bei den meisten modernen Hunderassen begann die Reinzucht des Deutschen Wachtelhundes in Deutschland gegen Ende des 19. Jahrhunderts. Egal mit welcher Rasse man sich beschäftigt, ob Dackel oder Schäferhund, Boxer oder Dogge, kurzhaariger, langhaariger oder rauhaariger Vorstehhund, es finden sich immer einige Rasseväter, meistens Förster, Polizeibeamte oder Offiziere, auch Pfarrer und Bürgermeister sind vertreten, die Hundezucht als patriotische Aufgabe betrachteten. Sie wollten deutsche Hunderassen als Kulturgut sichern und die kynologische Hegemonie der Engländer und Franzosen brechen. Vor allem England, das Mutterland der Hundezucht, hatte nach der Revolution von 1848 großen Einfluss auf die Entwicklung der deutschen Jagdhunde. Die neuen bürgerlichen Jäger importierten elegante Pointer und Setter, sozusagen die Vollblutpferde unter den

Vorstehhunden, absolute Spezialisten, die noch nicht einmal zum Apportieren des geschossenen Wildes abgerichtet werden. Nur suchen und anzeigen sollen sie es. Das Bringen übernehmen in England die Retriever, die ihrerseits auf diesem Gebiet unübertroffene Experten sind. Als Stöberhunde kamen in Deutschland die verschiedenen englischen Spanielschläge in Mode. Die bodenständigen deutschen Landrassen, die schwerfälligen alten Hühnerhunde wie auch die Stöberer, verschwanden langsam aus der Jagd. Sie waren für vielfältige Aufgaben verwendbar.

Der Anglomanie und dem englischen Spezialistentum wollten nach der Reichsgründung wackere deutsche Hundeleute ein Ende bereiten. Bei den Stöberhunden waren das der aus Wien gebürtige Kolonialoffizier Friedrich Roberth, genannt der »Africander«, und einige Jahre später, als der sprunghafte Weltenbummler Roberth das Interesse am Wachtelhund verloren hatte und sich dem Boxer zuwandte, der Forstmeister Rudolf Frieß. Der bewies langen Atem und prägte die Wachtelhundzucht über zwei Weltkriege hinweg bis in die Mitte der 60er-Jahre des vorigen Jahrhunderts. Aus Restbeständen des alten deutschen Stöberhundes baute er die Rasse Deutscher Wachtelhund auf. Unermüdlich warb er für sie in den Jagd- und Hundezeitschriften und setzte ihr mit dem Buch *Der deutsche Wachtelhund* ein literarisches Denkmal. Als wahres Wundertier erscheint der Wachtel in den Lobgesängen, die der »Wachtelvater« Frieß auf ihn anstimmte: »Meine Wachtel haben mich bei der Pirsch im Hochgebirge auf Hirsch und Gams begleitet, das schärfste Gelände und tiefsten Schnee in tagelangen Gewaltmärschen überwindend; sie haben mir kranke Hirsche und Gamsböcke am Riemen ausgearbeitet, weidwunde und laufkranke Hirsche nach stundenlangen Hetzen und tagelangen Nachsuchen zu Stande gejagt, gekrellte Böcke im reißenden Wildbach gefangen, den angeschossenen Fuchs bis in den Bau verfolgt und ihn gewürgt. (…) Sie haben mir den leicht gezwickten Hasen nach stundenlanger Jagd gefangen, gebracht oder verwiesen; den Spielhahn, der weidwund im Nebel ins Moos strich, gefunden und gebracht, die laufende, geflügelte Schnepfe bei der Nacht im Bruch gefangen, wie den Fasan im Rohr, das Huhn im dichten Kartoffelkraut, die Ente aus Schilf, Tang, Eiswasser und Treibeis geholt.«

Was ein echter Jägersmann so erleben kann, wenn er einen Wachtelhund hat! Ein gekrellter Bock ist übrigens einer, den die Kugel nur am Rücken gestreift hat, was eine kurze Bewusstlosigkeit zur Folge haben kann, wenn durch die Kugel der Dornfortsatz eines Wirbels einen Schlag bekommt. Der Jäger, der sich seiner Beute sicher wähnt, wundert sich, wenn die plötzlich wieder aufsteht und das Weite sucht. Erschwert dann noch ein reißender Wildbach die Verfolgung, hilft nur noch der Wachtel. Ich habe mit Viko eine solche Situation zwar noch nicht erlebt, aber es ist gut, ihn an meiner Seite zu wissen, sollte mir je ein Bock in einen reißenden Wildbach entkommen.

Noch heute wird der Wachtelhund ausschließlich für die Jagd gezüchtet und nur an Jäger abgegeben. Warum er seinen Namen hat, obwohl er zur Jagd auf Wachteln in keiner näheren Beziehung steht, dafür ist in der kynologischen Literatur keine schlüssige

Erklärung zu finden. Seine internationale Bezeichnung lautet »German Spaniel«. In Nordamerika und Skandinavien wird er inzwischen auch gezüchtet. Man spricht von einer internationalen Wachtelgemeinde. Der gehöre ich nun an.

Wie komme ich zu einem solchen Hund? Vikos Vorgänger war ein Deutscher Jagdterrier namens Pit. Auch bei dieser Rasse hatte Frieß seine Finger im Spiel. Wieder ging es gegen die Engländer, allerdings zwei Jahrzehnte später als bei den Wachteln. In den 1920er-Jahren versuchte man in Deutschland, aus den englischen Foxterriern, die man durch Schönheitszucht für verdorben hielt, einen ursprünglichen, rattenscharfen kleinen Hund zu züchten, der vor nichts Angst hatte, insbesondere nicht vor Fuchs und Dachs unter Tage. Das ist gelungen. Man züchtete mit Foxterriern, welche die »falsche« Farbe hatten, Schwarz-Rot, Black-and-Tan, und kreuzte noch einige andere Terriersorten ein. Pit war schon eine gemäßigte Version dieser Giftzwerge. Im Haus erwies er sich als umgänglich und anschmiegsam. Keinem Kind hat er je etwas zuleide getan. Aber er verschwand beim Stöbern doch allzu oft und allzu lange in Fuchsbauten. Erst als er alt war und sich eine ordentliche Wampe angefressen hatte, ließ er das sein. Er war zu dick geworden für unterirdische Abenteuer. Seine letzten Lebensjahre verbrachten wir eher gemütlich miteinander. Er blieb an meiner Seite. Und wenn es galt, ein geschossenes Reh oder Wildschwein im Unterholz zu finden, dann konnte ich mich auf ihn verlassen. Er fand es. In aller Ruhe.

Pit wurde zwölf Jahre alt. Als er gestorben war, stellte sich die Nachfolgefrage. Ist es Gefühlsrohheit, wenn sich in die Trauer um einen Hund bald die Vorfreude auf den nächsten mischt? Ohne Hund fühle ich mich unvollständig. Ein Jahr hielt ich es immerhin aus. Dann verbrachte ich mit meiner Frau ein schönes Wochenende in der nordöstlichen Uckermark. Ich wusste einen Wachtelhundzüchter in der Nähe, und wie das so geht, schauten wir bei dem einmal vorbei. Denn von dem Gedanken, mir wieder einen Jagdterrier anzuschaffen, hatte ich mich verabschiedet. Ich wollte nicht mehr vor einem Erdloch auf meinen Hund warten. Bei Wachtelhunden kommt so etwas selten vor. Und auf vielen Jagden hatte ich erlebt, dass sie nicht nur leidenschaftliche Jäger, sondern auch Hunde von einer geradezu sonnigen Freundlichkeit sind. Ein Wachtel also sollte es sein. Den Rest erledigte der Charme, den der letzte noch zu vergebende Welpe des Züchters am Stettiner Haff aufbrachte. So kam Viko, mit vollem Namen »Viktor vom Thelehaus«, nach Berlin.

In der Hundeszene meines Viertels, das darf ich ohne Übertreibung sagen, ist Viko eine auffallende Erscheinung. Noch nie ist uns hier bei unseren Spaziergängen ein anderer Wachtelhund begegnet. Einmal sah ich einen, als ich im Polizeipräsidium am ehemaligen Flughafen Tempelhof meinen Jagdschein verlängern ließ. Der Wachtel saß geduldig am Eingang und wartete auf seinen Herrn. Die Chance, in Berlin Wachtelhunde zu sehen, ist an diesem Ort, den jeder Berliner Jäger mindestens alle drei Jahre aufsuchen muss, wohl am größten. Im Prenzlauer Berg, wo ich wohne, sind aktive Jagdhunde die Ausnahme. Es kommt vor, dass Eltern hier ihre studierenden Kinder besuchen oder Kinder und Enkel, wenn eine Familiengründung stattgefunden hat, was in diesem Viertel immer mehr um sich greift. Manchmal sehe ich einen Vater oder Großvater aus Lüdenscheid oder Ludwigsburg am frühen Morgen seinen Deutsch Drahthaar oder Bayerischen Gebirgsschweißhund im Park spazieren führen. Die Gegend ist ihm ersichtlich nicht geheuer. Als Jäger mit Jagdhund fremdelt er zwischen all den Kinderspielplätzen und Mutter-Kind-Cafés. Manche geben sich auch trotzig, lassen ihre Jagdstiefel auf den geharkten Wegen knirschen und rufen ihren Hunden harsche Kommandos zu, was dazu führen kann, dass ein verschlafener Punker, der, gewärmt von zwei Hunden unbestimmbarer Abstammung, die Nacht im Park verbracht hat, grölend die Bierflasche erhebt.

Die meist ziemlich gut erzogenen Promenadenmischungen der Punks bilden einen wesentlichen Teil der großstädtischen Hundeszene. Immer stärker aber schieben sich die Hunde junger Familien ins Bild. Sehr oft sind das Golden oder Labrador Retriever, die ihren jagdlichen Ursprüngen längst entfremdet sind. Brav begleiten sie die Mutter, die ihre Kinder zum Musikunterricht oder zum Töpfern bringt. Anschließend geht es in die Hundeschule, wo der Familienhund lernt, sich sicher im Getümmel des Großstadtverkehrs zu bewegen, vor allem an jedem Bordstein so lange sitzen zu bleiben, bis das Kommando zum Überqueren der Straße kommt. Moderne junge Familien investieren viel in ihre Kinder und in ihre Hunde.

Als dritte markante Komponente der Hundeszene meines Viertels treten jene Hunde in Erscheinung, die ich die Fifis nenne: Hündchen unterschiedlicher Rasse oder Rassenmischung, die meist zu einer alten Frau, seltener zu einem alten Mann gehören.

So unterschiedlich die gesellschaftlichen Milieus sind, in denen diese Hunde leben, so erfüllen sie in ihnen doch ein und dieselbe Funktion. Sie sind Sozialpartner und nichts sonst. Man sollte vorsichtig sein mit dem Urteil, dass das ein bisschen wenig für ein Hundeleben sei.

Wir kennen alle dieses Bild: Eine alte Frau geht mit ihrem Hündchen im Park spazieren. Vielleicht ist es ein kleiner Pudel, ein Spitz oder irgendeine Promenadenmischung. Die dezent violett getönten Dauerwellen der alten Dame sitzen bombenfest. Weil es kalt ist, trägt das Hündchen ein Mäntelchen aus Loden. Es ist auch nicht mehr das Jüngste. Dass es steif ist im Kreuz, ist ebenso wenig zu übersehen wie sein Übergewicht. Die Frau redet mit ihm. Sie nennt es, sagen wir, Mopsi. Niemand nimmt von den beiden Notiz. Kann sein, die Nachbarin findet irgendwann die alte Dame tot in ihrer Wohnung. Sie schaute erst nach, als das Hündchen immer dringlicher jammerte.

Der Hund als letzter Begleiter in einem einsamen Alter. Wir sind geneigt, das als eine Erscheinung gesellschaftlicher Degeneration zu werten. In der anonymen Massengesellschaft greifen diejenigen, die nicht mehr mithalten können, deren familiäre Netzwerke zerrissen sind, die ihren Partner verloren haben, auf den sie fast ihr gesamtes bisheriges Leben ausgerichtet hatten, zu vierbeinigen Krücken. Sie kommen auf den Hund und die Hunde auch. Jedenfalls ist einer Gesellschaft, in der vor allem die Leistung zählt, die Vorstellung fremd, dass ein Hund, dessen einzige Aufgabe darin besteht, da zu sein, glücklich sein könnte. Muss ein Hund nicht jagen oder Schafe hüten oder ein Haus bewachen oder Lawinenopfer retten oder Drogenschmuggler aufspüren oder Blinde durch den Straßenverkehr lotsen? Muss er nicht eine Aufgabe haben, damit er wirklich Hund sein kann? Es ist schön, wenn er eine solche Aufgabe hat. Vor allem aber muss er in der Tat da sein. Das ist seine Urbestimmung. Damit fing es an. Die alte Frau und ihr Hund spielen eine Urszene aus dem Morgengrauen der menschlichen Zivilisation nach. Ihre Beziehung ist alles andere als denaturiert.

Noch der große Verhaltensforscher Konrad Lorenz glaubte, dass der Mensch durch die gemeinsame Jagd mit den wilden Vorfahren des Hundes auf diesen gekommen sei. Fälschlicherweise betrachtete Lorenz den Schakal als Stammvater des Hundes. Heute ist durch genetische Untersuchungen gesichert, dass alle Hunde, vom Pekinesen bis zur Dogge, vom Wolf abstammen. Aber Lorenz' Irrtum spielt in unserem Zusammenhang keine Rolle. Für ihn stellte sich die Urszene der ersten Domestikation – der Hund ist das älteste Haustier – ungefähr so dar: Menschen und wilde Caniden (Hundeartige) lebten viele Tausend Jahre in enger Nachbarschaft. Sie zogen mit den großen Wildherden durch die eiszeitliche Tundra. Die vierbeinigen Jäger spürten Wild auf und stellten es, die Zweibeiner töteten es mit ihren Speeren. Zum Dank für die Vorarbeit der Spürnasen überließen sie ihnen einen Teil der Beute. So gewöhnten sich beide aneinander und entwickelten eine immer engere Symbiose.

Wer heute mit einem gezähmten Wolf diese Szene nachspielen wollte, würde schnell merken, dass es so nicht gewesen sein kann. Der Wolf mag noch so anhänglich sein, seine Beute wird er bis aufs Blut verteidigen. Ein gezähmter Wolf ist auch für alle anderen Hundeaufgaben völlig ungeeignet. Er kann kein Grundstück bewachen, weil er vor allem Fremden flüchtet. Seine geringe Eignung zum Schafehüten versteht sich von selbst. Stubenrein wird er unter keinen Umständen. Vor allem aber: Wenn er nicht unmittelbar nach der Geburt der Mutter weggenommen und mit der Flasche aufgezogen wird, schließt er sich dem Menschen überhaupt nicht an. Er bleibt ein Wildtier, das sich der Kommunikation mit dem Menschen weitgehend verweigert.

Wie also könnte sie vonstattengegangen sein, die Hundwerdung des Wolfes? Erik Zimen, ein Schüler von Konrad Lorenz, war zeitlebens von dieser Frage besessen. Er suchte das entscheidende Glied, das in der Jagdhypothese fehlt. Einige Jahre vor seinem Tod – er starb 2003 – besuchte ich ihn auf seinem Einödhof in Niederbayern. Wir führten ein langes Gespräch über Wölfe, Hunde, die Jagd und die Frauen, das heißt also, ein Gespräch über den Ursprung der menschlichen Kultur. Denn erst als der Mensch auf den Hund kam, hatte er sich endgültig aus dem Tierreich emanzipiert.

Die natürliche Nachbarschaft von Wölfen und menschlichen Steinzeitjägern liegt ebenso auf der Hand wie die große Ähnlichkeit ihrer sozialen Organisation, ihrer Jagdstrategien und ihres Beutespektrums. Wölfe und Menschen haben sicher voneinander profitiert. Sie machten sich gegenseitig ihre Beute streitig. Mal blieb den einen das Aas, mal den anderen. Mal fraßen Wölfe in mageren Zeiten einen Menschen, mal war es umgekehrt. Aber meistens sprang doch beim Jagderfolg der einen auch für die anderen etwas heraus. Es wird auch vorgekommen sein, dass sich Wolfsrudel darauf spezialisierten, von den Abfällen im Umkreis menschlicher Jagdlager zu leben. Dieses Verhaltensmuster trugen sie von Generation zu Generation weiter. Bevor es Hunde gab, muss es solche »Pariawölfe« gegeben haben. Wahrscheinlich lebten Wolf und Mensch in dieser Form jahrtausendelang nebeneinander, ohne dass eine Domestikation des Wolfes stattfand. Die Wölfe blieben Wölfe, die zwar die Nähe des Menschen suchten, ihn aber nicht als Sozialpartner betrachteten. Das geschieht nur, wenn Wölfe praktisch von Geburt an vom Menschen großgezogen werden.

Man kann sich vorstellen, dass Jäger Wolfswelpen, deren Mutter sie getötet hatten, ins Lager brachten. Wie aber ging es dann weiter? Rinder, Schafe oder Ziegen, mit deren Milch die Kleinen hätten aufgepäppelt werden können – um sie später bei Bedarf zu verspeisen –, gab es noch nicht. Die einzige Milchquelle waren die Frauen. Sie müssen also junge Wölfe zusammen mit ihrem eigenen Nachwuchs großgezogen haben. Anders ist es nicht vorstellbar, dass ein Tier wie der Wolf, das sich ja nicht wie ein Schaf oder eine Ziege in einen primitiven Pferch einsperren lässt, beim Menschen bleibt, ihm folgt und in seiner Hütte lebt. Die erste und vielleicht größte Revolution der Menschheitsgeschichte, die Domestikation des Wolfes, war also Frauensache. Nicht die Jäger zähmten sich ihren

Jagdgehilfen. Es war kein Plan, keine Vorausschau im Spiel bei der Erschaffung des Hundes. Sie vollzog sich gewissermaßen absichtslos.

Warum zogen die Frauen Wolfswelpen auf? Zimen hat auf seinen Forschungsreisen zu Nomadenstämmen in Ostafrika die besondere Beziehung zwischen Frauen und Hunden studiert. Zwar stehen die Turkana im Nordwesten Kenias nicht mehr auf der Kulturstufe der Jäger und Sammler. Sie sind Viehzüchter und nur gelegentlich Jäger. Aber ihre Hunde haben den Übergang zum Jagd- oder Hirtenhund, zum Helfer des Mannes, noch nicht vollzogen. Sie gehören den Frauen, sind Spielkameraden der Kinder, und – das scheint ihre wichtigste Funktion – sie fressen diesen Kindern den Kot praktisch schon unter dem Popo weg und halten so Hütte und Lager sauber. Windeln auf vier Füßen: Ob das der »unheroische Anfang unserer Zivilisation« gewesen ist, fragt Zimen. Vieles spreche dafür, schreibt er in seiner Monografie *Der Hund*. Das Vertilgen des Kots der Jungen gehört zum angeborenen Verhaltensrepertoire aller Wildhunde. Die Angehörigen eines wilden Wolfsrudels reißen sich geradezu darum, diese Aufgabe zu übernehmen. Es ist ein Verhalten, das dem zahmen Wolf in der menschlichen Gemeinschaft einen sozialen Nutzen gibt, der nicht erst durch Zucht, durch Selektion auf besondere Eigenschaften hin, erzeugt werden muss. Der an der Frauenbrust gepäppelte Wolf mutierte zum Kindermädchen und wurde dann erst zum Hüter der Herden und zum Jagd- und Kriegsbegleiter der Männer. Ein spiegelverkehrtes Echo dieser Frühzeit hat sich im mythischen Gedächtnis der Menschheit erhalten. Eine Wölfin, die Menschenkinder säugte, war an der Gründung der Welthauptstadt Rom entscheidend beteiligt.

Am Anfang der Zivilisationsgeschichte stand also nicht die heroische Zähmung der wilden Bestie. Die Frauen werden vor allem die Wölfe behalten haben, die besonders anschmiegsam und zutraulich waren. Auf diese Weise fand eine Selektion statt. Und nach und nach wurde die Fortpflanzungsschranke zwischen den Hauswölfen und ihren wilden Verwandten errichtet. Wenn es erst einmal so weit ist, das haben neuere Forschungen ergeben, geht es mit der Haustierwerdung sehr schnell, gemessen jedenfalls am Zeitraum der natürlichen Evolution. Den Hauswölfen schrumpfte das Hirn, dafür wuchsen die Keimdrüsen. Die Ohren wurden schlapp, die Schwänze kringelten sich, kindliches Verhalten hielt sich bis ins Alter. Der Hund war geboren – lange bevor er all die Dienste übernahm, die er uns heute leistet. Man muss sich an den Gedanken gewöhnen, dass es das Kuschelbedürfnis war, das unsere steinzeitlichen Vorfahren vor etwa 12 000 Jahren zum ersten großen Akt menschlicher Naturbeherrschung trieb, der Erschaffung des Hundes. So mag es gewesen sein.

Auf die Frage, wie der Mensch zum Hund kam, habe ich noch keine plausiblere Antwort gefunden als die, die Erik Zimen gibt. Seine Theorie hat außerdem den Vorteil, dass man sie als wunderbare Geschichte mit einer schönen Pointe erzählen kann. Solange niemand eine bessere erzählt, halte ich sie für wahr. Das ist guter wissenschaftlicher Brauch.

Viko liegt unter dem Schreibtisch und träumt jiffend vom Jagen. Das denke ich mir jedenfalls. Ich weiß nicht, ob er einen Hasen hetzt oder gerade einem Wildschwein auf die Schwarte rückt. Ich weiß überhaupt nicht, was in seinen Träumen geschieht. Wahrscheinlich sind sie eher ein Strom von Gerüchen als einer von Bildern. Seine elementarsten Erfahrungen sind mir nicht zugänglich. Aber wenn er aufwacht, wird er mich mit der Schnauze anstupsen. Als Aufforderung, irgendetwas Interessantes zu unternehmen, am besten natürlich auf die Jagd zu gehen, ist das unmissverständlich. Wenn ich nun weiter mit dem Laptop klappere, weiß er, dass da in seinem Sinne gerade nichts zu machen ist. Er rollt sich zusammen und schläft weiter. Obwohl wir in verschiedenen Welten leben, verstehen wir uns. Auf der Jagd zeigt sich dieses Verständnis in gesteigerter Form. Dann wollen wir beide dasselbe: Beute machen. Viko findet jede Ente im Schilf und scheucht sie auf. Wenn ich jedes Mal träfe, wären wir ein perfektes Team.

DER HIRSCH

Während ich am Schreibtisch sitze, schreien um Berlin herum die Hirsche. Es muss so sein in diesen Tagen Ende September. Die Nächte sind kühl, die Tage noch spätsommerlich warm – ideale Bedingungen für eine laute Brunft. Jäger und Förster sagen, die Hirsche »schreien«. Der Laie sagt »röhren«, und er denkt dabei an ein Tier mit mächtigem Geweih, das mit zurückgelegtem Haupt vor majestätischer Bergkulisse einem Rudel anmutiger Hirschkühe brüllend seinen testosterongeschwängerten Atem entgegenschleudert. Gerade hat er in ritterlichem Gefecht mit einem Rivalen die Geweihstangen gekreuzt und sich als Platzhirsch behauptet. Der Herausforderer gibt Fersengeld. Als Schatten seiner selbst verdrückt er sich aus der Szene. Der Platzhirsch aber wird jetzt seinen Harem rudeln, mit Argusaugen darüber wachen, dass ihm keines seiner Weiber abhanden kommt, und eines nach dem anderen begatten, wenn der Eisprung es befiehlt. So geht das bis in den Oktober. Der Platzhirsch frisst kaum etwas in diesen Wochen. Er wird schwächer und schwächer. Die Zunge hängt ihm aus dem Hals, seine Flanken fliegen in hechelnder Anstrengung, seine Brunftrute tropft unablässig. Wenn er Pech hat, fordert ihn gegen Ende der Brunft ein Jüngerer in die Schranken und stürzt ihn vom Thron.

Monotheist

Früher hing diese Bild gewordene Schicksalsmelodie des Patriarchats in Öl gemalt oder als tausendfach reproduzierter Kunstdruck in vielen deutschen Wohnzimmern, manchmal auch im Schlafzimmer, doch hatten dort im Allgemeinen die Putti aus Raffaels »Sixtinischer Madonna« und Dürers »Betende Hände« ihren angestammten Platz. Das hat nun alles seinen Weg über Haushaltsauflösungen, Flohmärkte und den Kunsthandel genommen. Verschwunden ist es nicht. Es taucht, erfrischt durch ausgiebige Ironiebäder, in neuen kulturellen Zusammenhängen wieder auf. Wenn ich in Berlin bleiben und arbeiten muss und nicht in die Schorfheide, die Prignitz, das Havelland, den Fläming oder den Spreewald fahren kann, um die Hirsche schreien zu hören, dann muss ich auf Hirsche doch nicht ganz verzichten. Im Gegenteil: Ich kann ihnen kaum entgehen. Beim Frisör um die Ecke werden mir die Haare unter einem Zwölfender geschnitten. Ein schnelles Bier gibt's im »Weißen Hirsch«. Und die Schaufenster mancher Warenhäuser und Boutiquen haben sich in regelrechte Brunftplätze verwandelt, auf denen Deko-Hirsche en miniature oder in Lebensgröße beim großstädtischen Publikum die Land-, Wald- und Berglust herauskitzeln sollen. Kulturell ist der Hirsch wieder auf dem Vormarsch. Der König der Wälder, er thront, wie verfremdet auch immer – und nicht nur auf dem Etikett eines bekannten Kräuterlikörs –, nach wie vor in der Seelenlandschaft auch des naturfernsten Großstädters. Er ist in unser kulturelles Gedächtnis eingeschrieben, seit unsere steinzeitlichen Vorfahren ihn als Jagdzauber an Höhlenwände pinselten.

Ein bisschen Jagdzauber muss sein. Sonst wird das auch mit dem Schreiben nichts. In meinem Arbeitszimmer sind die Wände deshalb nicht nur von Büchern, sondern auch von Geweihen, Hörnern und Zähnen bedeckt. Das meiste sind südhessische Rehböcke. Zwei Gamskrucken habe ich, erbeutet nach mühseliger Kletterei in Tirol und in der Steiermark. Die ziemlich eindrucksvollen Waffen eines Keilers stammen aus dem nordhessischen Reinhardswald. Mein Elch ist aus Plüsch und ein Versprechen auf die Zukunft. Mein Hirsch aber ist echt. Er hängt über meinem Computer. Es handelt sich um ein Hirschlein, einen Sechsender, eine Stange ist in der Mitte abgebrochen. Zwei oder drei Jahre alt muss der Hirsch gewesen sein, ein Abschusshirsch, Klasse III. Hirsche dieser Kategorie werden – neben Jung- und Kahlwild, also den Kälbern, den einjährigen Schmaltieren (weiblich) und Schmalspießern (männlich) sowie den Alttieren (das sind die Hirschkühe) – bei den großen Drückjagden in den Landes- oder Bundesforsten, die der Reduktion der Rotwildbestände dienen, oft frei gegeben. So hat auch der Jäger, der nicht Tausende Euro für den Abschuss eines kapitalen »Erntehirsches« ausgeben kann oder will, die Chance auf ein knöchernes Erinnerungsstück mit vier, sechs oder acht Enden. Hauptsache ist, dass die Geweihstangen nicht dreiendig in einer »Krone« auslaufen. Schießt man einen Kronenhirsch tot, wird das teuer, denn Kronenhirsche sind Zukunftshirsche. Sie sollen alt werden, sich vererben und irgendwann einmal einen Batzen Geld bringen.

Ich war auf dem Truppenübungsplatz Munster zur Jagd eingeladen, in ein wahres Hirschparadies also, wie überhaupt Truppenübungsplätze die größten Hirschparadiese in Deutschland sind. Vom militärischen Übungslärm lassen sie sich in diesen riesigen Wald- und Heidegebieten nicht stören. Sonstige Störungen durch Wanderer, Pilzsammler, Mountainbiker, Hunde oder Reiter gibt es nicht. Wenn man Glück hat, bekommt man hier Hirschrudel zu sehen, die so groß sind, dass es schwerfällt, nicht von Herden zu sprechen. Bei solchem Anblick stellt sich bei mir das Serengeti-Gefühl ein, eine Art Urzufriedenheit des Raubtiers und Jägers angesichts dieses Überflusses an großen Pflanzenfressern.

Warum sie Herden bilden, merkte ich dann allerdings auch. Ein vielleicht 50- oder 60-köpfiges Rudel kam auf mich zu, lauter Alttiere mit ihrem diesjährigen und vorjährigen Nachwuchs, ein Verband von Mutterfamilien, angeführt vom Leittier, der Hirschkuh mit dem höchsten Rang. Beim Rotwild, so nennt der Jäger das Hirschwild wegen seines im Sommer rotbraunen Fells, bestimmt das Matriarchat die Sozialstruktur. Da darf man sich durch das männliche Getümmel auf den Brunftplätzen nicht täuschen lassen. Die männlichen Hirsche leben außerhalb der Brunft in mehr oder weniger missmutigen Männergruppen von den Weibchen getrennt und sind hauptsächlich damit beschäftigt, genug zu fressen, um sich von den Paarungsstrapazen zu erholen und ihren monströsen Kopfschmuck aufzubauen, den sie im Spätwinter und zeitigen Frühjahr abwerfen und der dann in aberwitziger Geschwindigkeit bis zum Spätsommer erneut wächst.

Das Rudel zog gemächlich. Von dem kleinen weißen Terrier, der ihm auf den Fersen war, ließ es sich kaum stören. Es wich ihm aus, aber es verfiel nicht in rasende Flucht. So soll es sein bei Drückjagden. Hunde sollen das Wild in Bewegung bringen, es aber nicht hetzen. Nichts leichter, dachte ich mir, als aus diesem Rudel ein Kalb herauszupicken. Das war falsch gedacht. War es schon schwer, sich in dem Geschiebe von Wildkörpern auf ein Tier zu konzentrieren, so erwies es sich erst recht als unmöglich, einen Schuss anzubringen, ohne ein anderes Stück zu gefährden. Das Rotwild klumpte zusammen, als wisse es um die Fesseln der Jagdethik, die dem Jäger auferlegt sind. Das Rudel zog vorbei, die Kugel blieb im Lauf. Als sich meine Anspannung gelegt hatte, spürte ich, dass sich in meinem Rücken etwas tat. Sehr, sehr langsam drehte ich mich um. Zwei Hirsche zogen durch das Stangenholz, kaum 50 Meter von mir entfernt. Immer wieder blieben sie stehen und hoben die Nasen in den Wind. Die Situation war ihnen nicht geheuer. Zu Recht. Schutzlos waren die Jünglinge und allein. Sie glichen sich wie Zwillinge. Nur bei dem einen fehlte ein Stück vom Geweih. Bescheiden wie ich bin, schoss ich diesem unvollständigen Hirsch hinters Blatt. Er folgte seinem Gefährten noch einige flotte Trabschritte, blieb wie angewurzelt stehen und fiel um. Es war ein kleiner Hirsch, doch das größte Tier, das ich bis dahin geschossen hatte. Mit einer Seilwinde hievten wir ihn auf einen Pick-up. Bei der Rotwildjagd begibt man sich einfach in andere Dimensionen. Mit Rucksack und PKW-Kofferraum kommt man da nicht weiter. Den Hirschkopf transportierte ich auf der Heimfahrt vor dem Beifahrersitz. Beim Absägen der Schädelplatte mit den Geweihstangen kam schweres

Gartengerät, beim Auskochen ein alter Marmeladenkessel zum Einsatz. Manchmal fällt mein Hirsch von der Wand, weil er nur an einem Nagel hängt. Ich habe es immer noch nicht geschafft, ihn auf ein ordentliches Trophäenschild zu montieren. Inzwischen gefällt mir das Provisorium. Außerdem will ich alles vermeiden, was an Hirschkult erinnert. Denn der Hirschkult gehört zu den fragwürdigsten Aspekten der Jagd in Deutschland. Er steht im Zentrum des Trophäen-Unwesens.

Bevor wir den Hirsch nun weiter kulturhistorisch zerwirken, sollten wir ihn uns wenigstens in groben Zügen zoologisch vor Augen führen. Denn er ist allein schon von seiner Natur her ein faszinierendes Tier. Jeder Jagdscheinanwärter lernt, dass *Cervus elaphus* zur Unterfamilie der »Echthirsche« gehört. Die haben sich entwicklungsgeschichtlich schon vor Millionen von Jahren von den »Trughirschen« getrennt, zu denen zum Beispiel das Reh, der Elch und das Rentier gehören. Echt- und Trughirsche unterscheiden sich in manchen Details im Aufbau der Gliedmaßen, von außen erkennbar aber dadurch, dass Trughirsche keine Voraugendrüse und damit auch keine Augengrube haben. Mit dieser systematischen Einordnung sollte das immer noch weitverbreitete Missverständnis aus der Welt geschafft sein, das Reh sei die Frau vom Hirsch. Reh und Hirsch sind viel weniger nah miteinander verwandt als etwa Pferd und Esel. In Deutschland vorkommende Echthirsche sind neben dem Rothirsch noch der Damhirsch und – in wenigen Inselvorkommen – der Sikahirsch, der ursprünglich aus Ostasien stammt. Rothirsche sind die größten bei uns frei lebenden Säugetiere. Ein männliches Tier kann eine Schulterhöhe von 1,40 Meter erreichen und 300 Kilo schwer werden. Von seinen Fressgewohnheiten her zählt das Rotwild zum Intermediärtyp. Es steht zwischen den Raufutterfressern – wie etwa den Rindern, die rasenmäherartig grobes Gras in sich hineinschlingen und in ihrem gewaltigen Pansen durch Bakterien zersetzen lassen – und den Konzentratselektierern, zu denen das Reh gehört. Sie haben einen viel kleineren Pansen und sind auf eiweißreiches Grün, also frische Triebe und Knospen angewiesen. Das Rotwild frisst sowohl Gras als auch Knospen, es verschmäht Eicheln, Bucheln, Kastanien, Beeren und Pilze nicht und schält auch die Rinde von jungen Bäumen, teils aus Langeweile, teils weil es die Mineral- und Gerbstoffe braucht. Auf den Feldern macht es sich über Getreide, Raps, Rüben und Kartoffeln her. Man sieht also schon am Speisezettel des Rotwildes, dass es eigentlich nicht in den dunklen Forst gehört, in den es heute weithin zurückgedrängt ist. Es ist ursprünglich ein Bewohner halboffener Auen- und Parklandschaften, der jahreszeitlich weite Wanderungen unternimmt. Dem offenen Lebensraum angepasst ist auch sein Sozialverhalten als Rudeltier. Nur wenn die Hirschkühe im Mai/Juni nach achtmonatiger Tragezeit ihre Kälber bekommen – in aller Regel eines, selten Zwillinge –, ziehen sie sich für einige Wochen aus dem Sozialverband zurück. In den ersten Lebenstagen liegen die weiß gefleckten Kälber, die dann fast schon so groß sind wie ein ausgewachsenes Reh, in einem Versteck. Die Mütter entfernen sich nur mit dem Wind und sind durch ein Geruchsband mit ihnen verbunden. Die

Voraugendrüsen des Kalbes sondern Geruchsstoffe ab. Sie schließen sich, wenn es unter Stress gerät. So reißt das Band, und die Mutter eilt zu ihrem Jungen, um es gegebenenfalls zu verteidigen. Ich bin voller Bewunderung für dieses olfaktorische Babyphone.

Dass das Rotwild in dichten Fichtenmonokulturen am falschen Platz ist, wird am augenfälligsten durch das Geweih der Hirsche. Im Wald ist dieses gewaltige Knochengebilde nur hinderlich. Der Hirsch stößt damit überall an. Neben den Trittsiegeln seiner Klauen, die genau zu lesen eine Wissenschaft für sich ist, besteht seine Fährte deshalb auch aus »Himmelszeichen«. Der Jäger muss nach oben schauen, um sie zu finden. Das Geweih wird jedes Jahr neu aus Knochensubstanz gebildet, unterscheidet sich also grundlegend von den Hörnern der Rinder, Schafe, Ziegen oder Gämsen, die als Hornschläuche auf Knochenzapfen sitzen und kontinuierlich wachsen. Sie sind Gebilde der Haut, nicht des Skeletts. Im zweiten Lebensjahr »schiebt« der Hirsch meistens einfache Spieße, im nächsten Jahr dann ein Gabel-, Sechser- oder Achtergeweih. An der Zahl der Enden kann man sein Alter nicht ablesen. Der Höhepunkt der Geweihentwicklung und auch der Vitalität insgesamt ist mit etwa zehn Jahren erreicht. Dann geht es in der Regel schnell bergab. Wenn die Hirsche im Frühjahr kahl sind, wirken sie ziemlich lächerlich. Sie verstecken sich dann wie jemand, dem die Haare ausgefallen sind. Die mit einer Samthaut, dem Bast, umhüllten frischen Kolben sind sehr empfindlich. Die Hirsche gehen in dieser Zeit des Geweihwachstums ungewöhnlich sorgsam mit sich und anderen um. Im Hochsommer beginnt es im Geweih furchtbar zu jucken. Die Hirsche »fegen« sich nun den Bast an Büschen und jungen Bäumen herunter. Durch Pflanzensäfte färben sich die weißen Knochenstangen schnell dunkelbraun. Haben sie den Sommer über noch als »Feisthirsche« fressend und dösend friedlich miteinander in Männerrudeln verbracht, werden sie im September zu erbitterten Konkurrenten um die nun nach und nach in die Brunft kommenden Weibchen.

Diese zoologischen Fakten zeigen, dass im Rotwild ein erhebliches Konfliktpotenzial mit der Forst- und Landwirtschaft steckt. Der Streit ums Rotwild ist uralt. Aber bis ins 19. Jahrhundert hinein, letztlich bis zur Revolution von 1848, hatten die Bauern nichts zu sagen, und eine am Holzertrag orientierte Forstwirtschaft entstand damals erst. Die Wälder und eben auch die Felder boten die Bühne für fürstliches und grundherrschaftliches Jagdvergnügen. Dem edlen Hirsch kam dabei eine Hauptrolle zu. Nach der Revolution, wir haben das im Kapitel über die Geschichte des Reviersystems schon gesehen, dezimierten bäuerliche und bürgerliche Grundbesitzer das Rotwild, wo sie konnten. In den Forsten des Adels wurde es aber weiterhin gehegt, und es entwickelte sich am Ende des 19. Jahrhunderts auch im Bürgertum ein Jagdverständnis, das um die starke Hirschtrophäe einen bizarren Kult trieb. Das in den Jagdgesetzen festgeschriebene Ziel, den Wildbestand mit den »landeskulturellen Verhältnissen«, also den Interessen der Land- und Forstwirtschaft, in Einklang zu bringen, wurde darüber allzu oft vergessen. Das war auch im Wirtschaftswunderland Bundesrepublik so. In schöner Eintracht züchteten Jäger und Förster

Rotwildbestände heran, die Walderneuerung ohne Schutzzäune oder Drahtmanschetten für die jungen Bäume nicht mehr zuließen. Das Idealbild des Hegers erfüllte derjenige, der »seinem« Wild mit Heu, Rüben und Kraftfutter den Tisch reich deckte. Dem Förster vom Silberwald fraßen an der Fütterung die Hirsche aus der Hand. Kaum jemand stellte das infrage, auch die traditionellen Naturschützer nicht, sie waren ja selbst oft Jäger. Den Frieden störte eine Fernsehsendung, ausgestrahlt Weihnachten 1971, Horst Sterns »Bemerkungen über den Rothirsch«. Der Frieden ist seither nicht wieder eingekehrt. Der Umgang mit dem Rotwild ist immer noch eine der brisantesten Fragen der Jagd-, Forst- und Naturschutzpolitik.

Ich war 17 Jahre alt, als ich Horst Sterns Sendung sah, und hatte, obwohl ich durch den damaligen politischen Protest an Schulen und Universitäten schon in andere Gefilde unterwegs war, mit dem Gedanken noch nicht ganz abgeschlossen, mein Leben dem Wald, der Jagd und den Hirschen zu widmen und Forstwissenschaft zu studieren. Der Weihnachtsbaum duftete, mein Dackel lag vollgefressen neben mir auf dem Sofa, da riss mich die schnarrende Stimme von Horst Stern aus dem wohligen Dösen: »Ein Renditedenken, das selbst das Schicksal der Nation am Börsenzettel abliest, hat aus dem Wald eine baumartenarme, naturwidrige Holzfabrik gemacht. So pervertiert ist dieser Wald, dass der Rothirsch aus Mangel an natürlichem Nahrungsangebot einerseits und ungezügelter Vermehrung andererseits zum Waldzerstörer geworden ist. Ja, richtig, meine Damen und Herren: Es ist nicht dringlich zurzeit, den Hirsch zu schonen. Es ist dringlich zurzeit, ihn zu schießen. Der menschliche Wolf versagt. Er ernährt sich von Kalbfleisch und jagt den Hirsch als Knochenschmucklieferant für die Wand überm Sofa. Das Hirschgeweih als Aufhänger für Gamsbarthüte und schöne Erinnerungen.«

Das saß. Mein Dackel guckte verstört, und ich schrieb mich im Herbst an der Universität Freiburg nicht bei der ehrwürdigen forstwissenschaftlichen Fakultät, sondern für Geschichte, Literaturwissenschaft und Soziologie ein. Auch einen Jagdschein besaß ich damals noch nicht. Vier Jahrzehnte später hat sich am Frontverlauf im Rotwildstreit nicht viel verändert. Zwar haben sich die Förster längst von Monokultur und Kahlschlag verabschiedet und versuchen, wo es geht, einen artenreichen, vielstufigen Mischwald aufzubauen. Umso mehr aber empfinden sie das Schalenwild als Störfaktor. Die Jäger haben begonnen, sich von ihrer Trophäenfixierung zu lösen. Jedenfalls behaupten sie das. Aber die meisten wehren sich immer noch zäh gegen Abschussquoten, die den Rotwildbestand wirklich senken. Schnell ist das Wort von der »Ausrottung« parat. Gerade haben das Bundesamt für Naturschutz und der Deutsche Forstwirtschaftsrat mit einem Gutachten für Aufregung gesorgt, in dem von flächendeckend überhöhten Wildbeständen die Rede ist – und das nach vier Jahrzehnten, in denen effektivere Jagdmethoden eingeführt und die Wildfütterung stark eingeschränkt oder verboten wurden. Auch wenn »vor Ort«, wie es immer heißt, zwischen Jägern und Förstern in den Hegegemeinschaften, denen die Bewirtschaftung des Rotwildes unterliegt, oft eine vertrauensvolle und pragmatische Zusammenarbeit möglich ist, so wird dieser Konflikt doch sofort bösartig, polemisch und ideologisch, wenn er vor der breiteren Öffentlichkeit ausgetragen wird.

Im Rothirsch steckt aber auch eine Menge politisch-zeitgeschichtlicher Zündstoff. Man muss, um das zu erfassen, von Rominten erzählen und von Walter Frevert und dem katastrophalen Sündenfall der deutschen Jagd im Zweiten Weltkrieg, als aus Hirschkult Verbrechen wurde.

Die Wörter »Rominten« oder »Rominter Heide« las ich zum ersten Mal als Kind im Wartezimmer des Zahnarztes, der als Jagdpächter in meinem Heimatdorf mein Vorgänger war. Es lagen dort die alten Ausgaben von *Wild und Hund* aus. Ich versank in diesen Heften, anderen Wartenden ließ ich gern den Vortritt, bis sich am Abend dann doch der Bohrer in meine kariösen Milchzähne fraß. Bis dahin aber war ich im Traumland unterwegs, irgendwo im fernen Ostpreußen, das »zurzeit«, wie wir in der Schule lernten, unter sowjetischer und polnischer Verwaltung stand. Pensionierte Oberförster schrieben sich in *Wild und Hund* ihr Heimweh von der Seele. Etwas muss ich davon abbekommen haben, obwohl niemand aus meiner Familie von weiter als 30 Kilometer östlich des Rheins stammt. Die Rominter Heide war ein Hofjagdrevier von Kaiser Wilhelm II. Nach ihm ging dort der preußische Ministerpräsident Otto Braun auf die Pirsch. Danach riss Hermann Göring es an sich. Jägerischer Herr im Rominter Jagdreich war Oberforstmeister Walter Frevert. Er sollte Rominten zu einem Musterrevier deutschen Waidwerks und insbesondere der Hirschhege machen. Die Geweihe von Rominter

Hirschen werden von manchen noch heute verehrt wie Reliquien.

Frevert folgte damals durchaus modernen Prinzipien der Jagdwissenschaft, aus der später die Wildbiologie hervorging. Er setzte nicht auf Quantität, sondern auf Qualität, reduzierte den Rotwildbestand zunächst drastisch und versuchte dann, ziemlich erfolgreich, durch »Hege mit der Büchse« starke Hirsche heranzuziehen. Maß aller Dinge war das Geweih, woran sich damals niemand störte, auch die zahlreichen ausländischen Diplomaten nicht, die Görings Gäste im Rominter »Jägerhof« waren. Frevert hat sein Verhältnis zu Göring später als einen Pakt mit dem Teufel beschrieben, den er im Interesse der Jagd und des Wildes eingegangen sei. Er hat aber selber auch das Geschäft des Teufels betrieben und darüber später geschwiegen. Der Schweizer Forstwissenschaftler Andreas Gautschi, ein Hirsch-Besessener, der als Jäger und Schriftsteller im polnischen Teil der Rominter Heide lebt, hat die Verstrickung der deutschen Jagdelite in schwere Kriegsverbrechen in seinen beiden Büchern über Frevert und Göring – die über weite Strecken leider von einem schwer erträglichen Jäger-Tunnelblick geprägt sind – quellennah und detailgenau dargelegt. Nach dem Beginn des Russlandfeldzuges erhielten Ulrich Scherping, der Leiter des Reichsjagdamtes, und Frevert von Göring den Auftrag, das im Urwald von Bialowies gelegene alte Hofjagdrevier des Zaren um 100 000 Hektar zu erweitern und zu einem Staatsjagdrevier auszubauen. Frevert, der diesen Auftrag sozusagen an der Front zu erfüllen hatte, erhielt alle erdenklichen Vollmachten und den Oberbefehl über die in Bialowies stationierten Polizeieinheiten. Das Wild sollte Ruhe haben. Deshalb waren alle Dörfer zu zerstören und ihre Bewohner zu vertreiben. Bis zum Sommer 1942 hatte Frevert mit seinen Polizeitruppen 116 Dörfer dem Erdboden gleichgemacht und mehr als 6000 Menschen vertrieben. Das ihm unterstellte Polizeibataillon 322 erschoss alle männlichen Juden des Gebiets. Alle anderen jüdischen Einwohner wurden deportiert. Scherping war über das brutale Vorgehen zwar betrübt, unternahm aber nichts dagegen. Immerhin protestierte der militärische Oberbefehlshaber des Gebiets – nicht aus humanitären, sondern aus militärischen Erwägungen. Frevert züchte Partisanen, argumentierte er, womit dieser Generalleutnant Nolte sicher recht hatte. Die Jagd wurde hier zur Menschenjagd. In einem Brief an einen Forstkollegen schrieb Frevert, die »Strecke« an »Banditen und Partisanen« sei weitaus größer als die an Wild. Göring stellte sich hinter Frevert. Nolte wurde versetzt.

Nach dem Krieg kam Frevert in den baden-württembergischen Forstdienst. Er erhielt das Forstamt Kaltenbronn im nördlichen Schwarzwald, wieder ein Hirschrevier. Er entfaltete eine rege jagdpublizistische Tätigkeit und wurde der Brauchtums-Papst der deutschen Jägerei. 1962 kam er bei einem Jagdunfall ums Leben. Das Gerücht, er habe Selbstmord begangen, verstummte nie. Er hätte ein Verfahren wegen seiner Beteiligung an den Verbrechen in Bialowies zu erwarten gehabt. Zäh hält sich trotzdem unter deutschen Jägern die Verehrung für Frevert, obwohl er doch für Hirsche über Leichen gegangen ist und alles andere war als das Idealbild eines deutschen Waidmanns.

Für ein menschenleeres Hirschparadies beging er bedenkenlos schwere Verbrechen. Eine schlimmere Perversion der Hege ist nicht denkbar.

Müssen die Fronten im Streit um den König der Wälder unverrückbar bleiben? Kann die Holzwirtschaft im Rothirsch nur einen Schädling sehen, der durch intensive Jagd möglichst kurzgehalten und in den Gebieten eingesperrt bleiben muss, die als Rotwildgebiete ausgewiesen sind? Werden die Jäger auf hohen Wildbeständen beharren, weil in ihnen ihre Trophäenträume wachsen können? Und was ist mit den Tourismusmanagern, die das Rotwild als Kulturgut verkaufen wollen, wozu es für Touristen auch erlebbar, also nicht allzu selten und nicht scheu sein darf? Jeder dieser Interessenstandpunkte ist aus sich heraus legitim. Warum soll ein Waldbauer in einer Fichtenplantage Zerstörungen durch Rinde schälende Hirsche hinnehmen? Er ist ja in einer noch viel schlimmeren Lage als sein Kollege Maisbauer, dem Wildschweinfraß die Ernte vernichtet. Der kann nämlich im nächsten Jahr schon wieder säen und ernten. Die Jäger wiederum zahlen hohe Pachten nicht dafür, nur ihre Büchse im Wald spazieren zu tragen. Und der nicht jagende Naturfreund möchte auch etwas vom Hirsch haben, wenigstens anblicksweise. Wo also wäre eine Kompromisslinie zu finden?

Man muss sich wohl davon verabschieden, alles, was unsere frei lebenden Schalenwildarten wie Reh, Wildschwein oder Gämse in der Landschaft tun und bewirken, immer zuerst als »Schaden« zu betrachten. Dass Hirsche Bäume schälen, ist zunächst einmal ein ganz selbstverständlicher Teil des Naturgeschehens.

Und dann kann man den Spieß auch umdrehen und fragen, welche positive ökologische Rolle große wild lebende Pflanzenfresser spielen. Ein Forschungsprojekt, das dieser Frage nachgeht, ist vor Kurzem von der Stiftung Natur und Mensch angestoßen worden. Man sollte wissen, dass hinter dieser Stiftung der Deutsche Jagdschutzverband, die Dachorganisation der Landesjagdverbände, steht. Sie nennt sich selbst offen »Jägerstiftung«. Das ändert aber nichts daran, dass ihr Projekt eine verblüffend frische Sichtweise auf Hirsch, Reh und Sau eröffnet. Man muss dazu allerdings die hohen Kanzeln verlassen und sich ganz nah an den Boden begeben, dorthin, wo Hufe, Maul und Kot dieser Tiere Mutter Erde berühren. Dann findet man etwa den Wildschweinkot-Zärtling, einen Pilz, dessen poetischer Name alles über die ökologische Nische erzählt, die er besetzt. Auf den Kot von Wildtieren sind auch koprophage Blatthornkäfer angewiesen, seit ihnen der Dung von Nutztieren wegen deren zunehmender Medikamentierung nicht mehr bekömmlich ist. Bestimmte Schirmmoosarten gedeihen ausschließlich auf Wiederkäuerkot. Wo Hirsche scharren und Wildschweine wühlen, reißen sie die Pflanzendecke auf und ermöglichen Pflanzen das Keimen, die ohne diese »Störung« keine Chance hätten. So etwa findet man gerade an Wildwechseln die gefährdeten Arten Rundblättriger und Mittlerer Sonnentau. In den Suhlen des Rot- und des Schwarzwildes laicht die Gelbbauchunke.

Das sind alles gewissermaßen nur ökologische Anekdoten ohne jede Systematik und Gewichtung, die allerdings ahnen lassen, welch ein Beziehungsreichtum sich eröffnen kann, wenn man das Wild aus dem Wildschadens-Paradigma entlässt. In einer ersten Pilotstudie hat der Kieler Landschaftsökologe Heinrich Reck mit seiner Arbeitsgruppe zusammengetragen, was in der Literatur zum Thema Wild und biologische Vielfalt schon bekannt ist – erstaunlich viel, wie man sagen muss, doch ohne dass das je zu einer systematischen Forschung geführt hätte. Die umfangreichsten Untersuchungen gibt es, was naheliegt, zum Einfluss von Wildwiederkäuern auf Pflanzengesellschaften. Insbesondere das Rotwild gewinnt dort an Bedeutung, wo extensive landwirtschaftliche Nutzung aufgegeben wird. Hochmoore sind dafür ein Beispiel. Hirsche können an die Stelle von Schafen treten und verhindern, dass Gras spezifische Biotope wie Torfmoose überwuchert, was dann, wie in Mecklenburg-Vorpommern nachgewiesen, der Hochmoor-Mosaikjungfer, einer seltenen Libellenart, zugute kommt.

Bestimmte Landschaftstypen, gerade die, die uns erhaltenswert erscheinen, sind das Resultat menschlicher Nutzung karger Standorte. Sie sind besonders artenreich. Artenvielfalt zu schützen heißt also hier, einen bestimmten kulturellen Status zu erhalten und der natürlichen Sukzession gerade nicht freien Lauf zu lassen. Eindrücklich kann man das im deutsch-belgischen Nationalpark Eifel an den bärwurzreichen Magertriften der Täler beobachten. Michael Petrak, Wildbiologe und Leiter der Forschungsstelle für Jagdkunde und Wildschadensverhütung Nordrhein-Westfalen, hat den Einfluss des Rotwildes auf diese ehemals zur Viehhaltung genutzte Landschaft untersucht. Es kann zwar beim Offenhalten die jährliche

Mahd nicht ersetzen, verzögert allerdings die allmähliche Verbuschung, indem es den Anflug von Birke und Zitterpappel verbeißt. Wenn man sich vor Augen führt, welchen Aufwand der amtliche Naturschutz bei Beweidungsprojekten mit Schafen, Ziegen oder Robustrindern betreibt, muss man sich über seine Ambivalenz frei lebenden Wiederkäuern gegenüber wundern.

Mit dem Forschungsprojekt soll zu einem »Aufbruch in einen neuen gesellschaftlichen Dialog« ermuntert werden. Es ist von einer »Vision 2015« die Rede, die »mehr Wild, mehr Wald, mehr Natur«, also die Überwindung des alten Lagerdenkens, verspricht. Man darf durchaus skeptisch sein, dass das gelingt. Der geforderte Paradigmenwechsel ist allerdings längst überfällig. So viel müssen uns unsere Hirsche schon wert sein, dass wir in ihnen nicht nur Trophäenträger oder Rindenfresser sehen.

Rotwild lebt auf einem Viertel der Fläche Deutschlands, überwiegend in den großen Staats- und Privatforsten. In neun Bundesländern ist es in amtlich festgelegte Rotwildbezirke »eingesperrt«. Außerhalb dieser Bezirke sollen die Wälder rotwildfrei gehalten werden. Nur in Brandenburg, Niedersachsen, Mecklenburg-Vorpommern und im Saarland darf sich das Rotwild seinen Lebensraum selbst suchen. Das wäre doch eine Vision: Rotwild, das sich frei bewegen kann, dem der Wechsel über Autobahnen und Bahntrassen durch Grünbrücken ermöglicht wird. Scharf bejagen müsste man es weiterhin – und das stärker noch als heute in großräumigen Zusammenhängen ohne Revieregoismus. Wenn man bedenkt, dass heute in der Bundesrepublik die Jahresstrecke mit 67 000 Stück Rotwild deutlich höher ist als vor dem Zweiten Weltkrieg, dann kann man nicht von einer drohenden Ausrottung sprechen. Weniger Rotwild wäre wahrscheinlich mehr, und es wäre besser für das Wild, die Landeskultur und die Menschen, jagende und nicht jagende, die sich vom Hirsch immer wieder neu faszinieren lassen.

DAS REH

In einem historischen Bildband über mein Heimatdorf Groß-Rohrheim im Hessischen Ried gibt es ein Foto, das eine Jagdgesellschaft mit ihrer Beute zeigt. Es ist um 1910 aufgenommen worden. Im Vordergrund liegen die geschossenen Tiere – Hasen und Rehe, ziemlich dicht zusammengeschoben, dass sie fast einen Haufen bilden. Es sind ebenso viele Rehe wie Hasen. Genau kann man sie nicht zählen. Zwölf von jeder Sorte werden es sein. Rechts und links der Strecke lagern und sitzen die Treiber, junge Burschen aus dem Dorf mit kräftigen Stecken. Hinter den Hasen und Rehen haben sich die Jäger postiert. Alle tragen Doppelflinten, keiner hat eine Büchse. Die Kulisse für das alles bildet der Waldrand. Die Gemeinde Groß-Rohrheim besitzt etwas mehr als 200 Hektar Wald. Diesen Wald, der damals wohl an einen Jagdpächter verpachtet war – der in der Mitte thronende Jagdherr jedenfalls ist von eher städtischem Habitus –, hat man wahrscheinlich an einem Sonntag nach dem Gottesdienst durchgetrieben. Bevor das Vater-Unser-Läuten verklungen war, wurde nicht geschossen. Es war kein Kesseltreiben wie im offenen Feld. Bei einer solchen Jagd hätte man mehr Hasen und weniger Rehe geschossen. Es war ein Waldtreiben, das dem Hasen und dem Reh gleichermaßen galt, eine kleine Jagd, doch

Fatamorgana

ziemlich effektiv. Man hatte eine Menge begehrtes Wildbret erbeutet und dem Wald Gutes getan, denn Hase und Reh lieben die frischen Triebe junger Bäume über alles, der Hase überdies auch noch deren Rinde.

Die Rehe wurden wie die Hasen mit der Flinte, also mit Schrot, geschossen. Keines hat als »letzten Bissen« einen Zweig im Maul. »Verblasen« wurde die Strecke wohl auch nicht. Jedenfalls ist auf dem Foto kein Jagdhorn zu sehen. Für die damaligen Verhältnisse schauen Jäger und Treiber ziemlich locker und entspannt in die Kamera, einige lächeln sogar, was auf Gruppenfotos aus dem Jahr 1910 nicht oft zu sehen ist. Man hatte sein gemeinsames Jagdvergnügen gehabt, jetzt wartete das Schüsseltreiben in einem der vielen Gasthäuser, die es im Dorf damals noch gab.

Das Bild ist 100 Jahre alt. Es könnte aber auch ein Zukunftsbild sein, ein Wunschbild, vor allem was die Jagd auf Rehe angeht. Denn zwischen der Groß-Rohrheimer Treibjagd und heute liegen eine kulturgeschichtliche und eine jagdrechtliche Zäsur, die immer noch nachwirken und deren Folgen für die Jagd nicht ersprießlich waren. Als ein »nettes kleines Tier«, das »angenehm zu jagen« sei, »wenn man sich darauf versteht«, beschrieb im 14. Jahrhundert Gaston Phoebus, der Graf von Foix, das Reh in seinem berühmten *Buch der Jagd*, das neben dem Vogelbuch Friedrichs II. zu den bedeutendsten mittelalterlichen Werken der Naturbeobachtung gehört. Phoebus' Ton ist ein wenig herablassend. In der Hohen Jagd spielte das Reh nur eine Nebenrolle. Es eignete sich nicht für die Hetzjagd mit Hundemeute und Pferd, weil es nie über weite Strecken flüchtet wie der Rothirsch. Wehrhaft ist es schon gar nicht. Und selten war es damals wohl auch. Wo das Rotwild die Wildbahn beherrscht, und das war in den herrschaftlichen Revieren immer der Fall, bleiben dem Reh nur Nischen. Erst im 19. Jahrhundert rückte es in den Fokus der bürgerlichen und bäuerlichen Jagd. Über Jahrzehnte wurde ihm so fröhlich nachgestellt, wie das meine dörflichen Vorfahren taten.

Doch die unbeschwerte gesellige Jagd auf die kleinste und am meisten verbreitete Hirschart Europas, auf jenes wohlschmeckende Allerweltstier, dem die vom Menschen gestaltete Kulturlandschaft zum Schlaraffenland geworden ist, sie geriet im Laufe des 20. Jahrhunderts in schwere moralische und jagdideologische Unwetter. Felix Salten und Walt Disney setzten den massenkulturellen Mythos »Bambi« in die Welt. Und Ulrich Scherping und Hermann Göring das Reichsjagdgesetz von 1934/35. Damit wurde der Rehjäger einerseits zum »Bambimörder« und andererseits zum allmächtigen und gütigen »Heger«, der sich anmaßte, das evolutionsgeschichtliche Erfolgsmodell Reh – den Anpassungskünstler und Zivilisationsgewinnler *Capreolus capreolus* – als »Hirsch des kleinen Mannes« durch selektive Jagd und Futtergaben verbessern zu können. »Gemordet« werden darf in ganz Deutschland Bambi seit 1935 nur noch mit der Kugel wie sein großer Vetter, der Hirsch. Wer es nach alter Väter Weise mit Schrot schießt wie den Hasen, den Fuchs oder den Dachs, verstößt nicht nur gegen ungeschriebene Regeln der »Waidgerechtigkeit«, sondern begeht eine Straftat, obwohl, anders als Hirsch oder Wildschwein, das kleine Reh auf kurze Entfernung durch eine Schrotgarbe schnell und sicher getötet werden kann. Ins Zentrum der Rehjagd rückte der Bock, dessen möglichst kapitales Geweih als Lohn aller hegerischen Mühen gilt, weshalb er bis heute im Winter, wenn er kahlköpfig ist, nicht geschossen werden darf.

Der Bambi-Mythos, die vom blutrünstigen Jäger verfolgte großäugige Unschuld und Natürlichkeit, hat sich fest in der gesellschaftliche Mentalität etabliert. Ohne das beabsichtigt zu haben – der Autor war selbst Jäger –, schrieb Salten mit *Bambi. Eine Lebensgeschichte aus dem Walde* 1923 das wohl wirkungsvollste Stück Anti-Jagd-Propaganda der Literaturgeschichte. Die Hege-Ideologie des Reichsjagdgesetzes, die dem ebenso anständigen wie blutigen Jagdhandwerk eine Aura des Edelmenschentums verschaffen sollte und weit über Deutschland hinausstrahlte, erwies sich in all den Jahrzehnten seither als denkbar ungeeignet, die Jäger gegen die Tsunamis jagdfeindlicher Stimmungen zu schützen.

Felix Salten hatte, als er *Bambi* schrieb, schon eine bemerkenswerte journalistische und schriftstellerische Karriere hinter sich. Der 1869 in Budapest geborene Sohn eines jüdisch-ungarischen Ingenieurs hieß eigentlich Siegmund Salzmann. Bald nach seiner Geburt zog die Familie nach Wien. Dort gelang es dem von brennendem literarischem Ehrgeiz getriebenen jungen Mann, der sich den Autorennamen Felix Salten zulegte, Zugang zu dem im Café Griensteidl verkehrenden Literatenzirkel um Arthur Schnitzler und Hugo von Hofmannsthal zu finden. Mit beiden war er lebenslang befreundet. Salten schrieb Gedichte, Essays, Kritiken, Novellen, er wurde als Gesellschaftsreporter eine geachtete und gefürchtete Größe in den tonangebenden Kreisen Wiens. Sein Ruf war so gewaltig, dass Ullstein ihn nach Berlin rief, die Chefredaktion von *B.Z.* und *Berliner Morgenpost* zu übernehmen. Die gesellschaftliche Atmosphäre in der Reichshauptstadt behagte Salten allerdings nicht. Berlin blieb eine Episode. Umso tiefer wagte er sich in den triebgeschwängerten Untergrund der Wiener Gesellschaft. Die Geschichte der *Josephine Mutzenbacher*, ein Glanzstück sozialrealistischer Pornografie, veröffentlichte er 1906 anonym.

Gern ging Salten mit Angehörigen des Kaiserhauses auf die Jagd und pachtete in der Nähe von Wien selbst ein Revier. Die Waldwelt seiner Bambi-Geschichte sog sich der Großstadtliterat also nicht aus den Fingern. Sie ist allerdings nicht nur durch Jagderfahrung, sondern in einem weiteren Sinne durch Geschichtserfahrung geprägt. Die Hauptstadt der k. u. k. Monarchie bot nach dem Ersten Weltkrieg die brodelnde Szenerie politischer und ideologischer Extreme, in denen die Massenschlächtereien des modernen Krieges nachhallten. Der Wald, in den der Rehbock Bambi geboren wird, ist keine Idylle, sondern eine Welt des Sterbens und Leidens, nicht nur weil »ER«, der menschliche Jäger, dort grausam wütet, sondern auch, weil die Tiere sich untereinander jede nur denkbare Qual zufügen. Krähen hacken einen jungen Hasen zu Tode, ein Marder massakriert ein Eichhörnchen, ein Iltis eine Maus, überall Blut, Schmerz und namenloses Grauen.

Wenn man als Jäger verstehen will, warum viele Menschen einen nicht für so lauter und harmlos halten wie man sich selbst, sollte man nachlesen, wie Bambi zum ersten Mal dem Jäger begegnet. Es ist albern, dagegen einzuwenden, dass diese Vermenschlichung des Tieres nichts mit der realen Natur zu tun habe. Salten hat kein zoologisches Werk über das Rehwild geschrieben, sondern ein kulturelles Muster geprägt, das der Jäger nicht einfach für ungültig erklären kann. Der amerikanische Anthropologe Matt Cartmill schreibt in seinem Buch *Tod im Morgengrauen. Das Verhältnis des Menschen zu Natur und Jagd* über die Folgen von *Bambi*: »Das Übergewicht von Tierfabeln, -lebensgeschichten und -satiren in den Unterhaltungs- und Erziehungsmedien, die wir für Kinder herstellen, ist ein reales Phänomen. Es verkörpert die unausgesprochene Anschauung – und Botschaft an Kinder –, dass Tiere gut und unschuldig sind, Menschen dagegen eher finstere und fragwürdige Gestalten.« Wobei man im Blick auf Saltens Original einschränken muss, dass die Unschuld hier nicht bei den Tieren im Allgemeinen, sondern bei den Rehen im Besonderen verortet ist.

So also sieht Bambi, der unschuldige junge Rehbock, den Jäger: »Dort, am Rande der Blöße, in einem hohen Haselbusch, steht eine Gestalt. Bambi hat noch niemals eine solche Gestalt gesehen. Gleichzeitig trägt ihm die Luft eine Witterung zu, die er noch nie vorher gespürt hat. Es ist ein fremder Geruch, schwer und scharf und aufregend, zum Tollwerden. Bambi starrt die Gestalt an. Sie ist merkwürdig aufrecht, seltsam schmal, und sie hat ein blasses Gesicht, das an der Nase und um die Augen herum ganz nackt ist. Entsetzlich nackt. Furchtbares Grauen geht von diesem Gesicht aus. Kalter Schrecken. Dieses Gesicht hat eine ungeheure Gewalt, von der man gelähmt wird. Es ist bis zur Unerträglichkeit peinigend, dieses Gesicht anzusehen, trotzdem steht Bambi da und starrt unverwandt darauf hin. Die Gestalt bleibt lange ohne Regung. Dann streckt sie ein Bein aus, eines, das ganz oben sitzt, nahe am Gesicht. Bambi hat gar nicht bemerkt, dass es überhaupt vorhanden ist. Aber als sich dieses fürchterliche Bein geradeaus in die Luft streckt, wird Bambi von der bloßen Gebärde weggefegt, wie eine Flaumfeder vom Winde. Im Nu ist er wieder im Dickicht, dort, wo er herkam. Und rennt.« Genau beobachtet, wie ein Reh sich verhält, wenn ein unbekanntes Objekt seine Aufmerksamkeit erregt, das hat Salten wohl. Bambi überlebt alle Jagden. Und als sein greiser Vater ihn zur Leiche eines Jägers führt, da wird ihm klar, dass auch »ER« nicht allmächtig ist, »ein anderer ist über uns allen, über uns und über Ihm«.

Bambi wäre nichts weiter als ein erfolgreiches Kinderbuch geblieben, wenn im Jahre 1928 nicht die englische Übersetzung erschienen und es einem amerikanischen Trickfilmzeichner nicht gelungen wäre, eine gezeichnete Maus nach einer Melodie tanzen zu lassen. In Walt Disneys grandioser trickfilmischer Umsetzung, die 1942 in die Kinos kam, ist das Reh Bambi zu einem amerikanischen Weißwedelhirsch mutiert, der anmutig mit großen Wimpernaugen einem ihm um den Schwanz gaukelnden Schmetterling zuschaut. Rehe haben keine sichtbaren Schwänze. Und Saltens Bambi ist bei Weitem nicht so süß und putzig wie Disneys Zeichentrickfigur. Aber erst durch den Übertritt in das neue visuelle Massenmedium wurde aus dem Reh der Mythos Bambi, der vielen Menschen den Zugang zu den wirklichen Rehen versperrt, mit denen sie in nächster Nachbarschaft leben.

Wenn ich bei einem Reviergang, mit Hund und Gewehr als Jäger klar erkennbar, Spaziergängern begegne, fragen die mich manchmal, ob ich denn alle Rehe totgeschossen habe, man sehe gar keine mehr. Im Sommer, wenn sich die Rehe in der dichten und hohen Vegetation verstecken, kann ich diese Frage verstehen. Es gelingt mir aber fast immer, den Spaziergängern drei, vier oder fünf Ohrenpaare zu zeigen, die aus den umliegenden Getreidefeldern oder hohen Wiesen herausragen. »Da sind sie, die Rehe«, sage ich dann. Ich könnte sie gar nicht ausrotten, selbst wenn ich das wollte. Im Winter allerdings, wenn die Feldflur kahl oder von Wintersaat gerade eben begrünt ist, finde ich es schon ärgerlich, wie blind viele Menschen durch die Gegend laufen. Wie kann man all die Rehe übersehen, die regungslos auf den Äckern liegen? Sie springen nicht herum wie Bambi auf der Filmleinwand, sie tollen und rennen nicht, sie haben ihren Energiehaushalt auf Sparflamme gesetzt. So kommen sie gut über den Winter, zumal auf den abgeernteten Feldern immer noch genug Ernteabfälle wie Maiskörner und Rübenstücke herumliegen. Frisches Grün liefert das Wintergetreide.

»Den Rehen ging's noch nie so gut«, überschreibt der Zoologe Josef H. Reichholf einen Aufsatz über *Capreolus capreolus*. Er nimmt das zunächst merkwürdig erscheinende Phänomen in den Blick, dass das Reh in seinem riesigen Verbreitungsgebiet zwischen Ostasien und der europäischen Atlantikküste dort am häufigsten vorkommt, wo sein Lebensraum am stärksten durch Landwirtschaft und Industrie überformt ist. In Deutschland ist es so häufig wie nirgendwo sonst.

Die sibirischen Rehe sind zwar deutlich größer als unsere, aber sie kommen viel seltener vor. Von Jägern, die nach Sibirien zur Rehbockjagd fuhren, weiß ich, wie ungewöhnlich und frustrierend sie es fanden, tagelang durch die Taiga zu ziehen, ohne ein einziges Stück Rehwild oder Wild überhaupt zu Gesicht zu bekommen. Wer als Jäger in mitteleuropäischen Revieren geprägt worden ist, der muss von der Wildnis, der nördlichen Wildnis jedenfalls, zunächst einmal enttäuscht sein, weil er zum ersten Mal die fundamentale Erfahrung macht, dass Beutetiere in den riesigen Weiten selten sind.

Auch in unseren Breiten war das Reh einmal selten. Noch im 19. Jahrhundert beschwören Jagdschriftsteller seine drohende Ausrottung durch bürgerliche Sonntagsjäger und bäuerliche Aasjäger herauf. Auch wenn man die darin steckende Propaganda gegen die neuen Jagdverhältnisse nach der Revolution von 1848 abzieht, darf man die »Sorge« um das Rehwild nicht einfach für gegenstandslos halten. Die Jagdstrecken waren bescheiden. Nach allem, was man weiß, gab es damals tatsächlich deutlich weniger Rehe als heute. Die Landwirtschaft produzierte noch nicht jenen Überschuss an Nährstoffen, der die heutige Agrarlandschaft zum Maststall für das Rehwild macht. Seit 20 Jahren werden in Deutschland in jedem Jahr etwa eine Million Rehe erlegt. Dieser gewaltige Aderlass kann dem Bestand nichts anhaben. Er schöpft wahrscheinlich noch nicht einmal den jährlichen Zuwachs ab.

Was macht dieses Tier so unverwüstlich? Eigentlich stellt es ja ziemlich hohe Anforderungen an seinen Lebensraum. Aufgrund seines Verdauungssystems – wir hatten das im Kapitel über den Hirsch schon erwähnt – ist es auf eiweißreiche Nahrung angewiesen. Es hat einen vergleichsweise kleinen Pansen, der Nahrung mit hohem Zelluloseanteil nicht aufschließen kann. Der hohe Stickstoffeintrag durch die intensive Landwirtschaft begünstigt nun gerade jene Pflanzen, die das Reh mag. Er macht sich nicht nur in der Feldflur bemerkbar, sondern auch im Wald, der an sich gar nicht der ideale Lebensraum für Rehe ist. Doch überall dort, wo Stürme Lücken in die Monokulturen gerissen haben oder das immer dichtere Netz von Wirtschafts- und Wanderwegen Licht in den dunklen Forst lässt, sprießt es üppiger als je zuvor. Und kein Bauer geht mehr in den Wald, um diese nahrhafte Biomasse für seine Rinder oder Ziegen zu holen. Den Menschen mit seinen Nutztieren gibt es für das Reh als Nahrungskonkurrenten im Wald nicht mehr. Und auf den Turbo-Feldern draußen fällt der Fraß der Rehe nicht ins Gewicht.

Im Wald allerdings schon. Denn das Reh, das von manchen Förstern die »kleine braune Waldschere« genannt wird, hält sich nicht nur an Gräser und Kräuter, sondern auch an die Triebe junger Bäume, vorzugsweise solcher Bäume, an denen des Försters Herz besonders hängt. Unter 1000 Fichten hat das Weißtännchen keine Überlebenschance. Das Reh beißt ihm so lange die Spitze ab, bis es aussieht wie ein kugeliger Bonsai-Weihnachtsbaum. Rehe können alle Bemühungen zunichte machen, Nadelholzmonokulturen in vielstufige, artenreiche Mischwälder umzubauen, weil alles, was in gelichteten Beständen eigentlich von selbst wächst – Eschen, Ahorn, Buchen,

Vogelbeere, Eiche und was alles sich zu einer Mischwaldgesellschaft zusammenfindet –, dem Maul des Rehs zum Opfer fällt. Schutzzäune sind wirtschaftlich nicht tragbar und forstpolitisch nicht gewollt. In allen deutschen Forstverwaltungen gilt der Grundsatz, dass die natürliche Verjüngung des Waldes ohne künstliche Schutzvorkehrungen möglich sein muss. Die Konsequenz heißt: noch mehr Rehe schießen, jedenfalls an den Stellen, an denen der Verbissdruck Waldbau zur vergeblichen Mühe macht.

Am Tag des Papstbesuches in Berlin verabschiedete die Bundesregierung die »Waldstrategie 2020«. Darin wird gefordert, dass die Jagd sich den forstlichen Zielen unterzuordnen und für eine Reduktion der Wildbestände zu sorgen habe – was umgekehrt auch bedeutet, dass die Jagd, ohne die diese Ziele nicht zu erreichen sind, von erheblicher Bedeutung für das Gemeinwohl ist. Der Deutsche Jagdschutzverband hat gegen diese forstliche Indienstnahme der Jagd sofort protestiert. Ich halte das politisch für ziemlich kurzsichtig. Nur als Teil der Land- und Forstwirtschaft wird die Jagd Bestand haben und in Zukunft sogar an Legitimität gewinnen, denn das Ziel der ökologischen Ausrichtung unserer Landnutzung hat einen wachsenden gesellschaftlichen Rückhalt.

Die Rehjagd ist mir die liebste Jagd. Sie schöpft aus dem Vollen und gilt einem anmutigen, wohlschmeckenden Tier, dessen Anpassungsfähigkeit an die unterschiedlichsten Lebensräume nur zu bewundern ist. Ich möchte mir die Lust an der Rehjagd nicht durch den ewigen giftigen Streit zwischen Förstern und Jägern um angemessene Abschussquoten nehmen lassen. Über die Prioritäten – Wald oder Wild – kann doch nicht ernsthaft gestritten werden. Niemand will einen Wald ohne Wild. Zumindest beim Rehwild wäre das auch gar nicht zu erreichen. Wenn jedoch ein leicht bejagbarer, weil hoher Rehwildbestand mit viel Trophäenpotenzial gegen einen gesunden Mischwald abzuwägen ist, der gegen Sturm- und Insektenschäden resistent ist und von vielen Generationen als Rohstofflieferant, Wasserspeicher, Luftfilter und Erholungsraum genutzt werden kann, dann liegt unmittelbar auf der Hand, welches das höhere Gut ist. Die Jagdverbände sollten an dieser Stelle aufhören, herumzuzicken und akzeptieren, dass die Jagd dem Wald und nicht der Wald der Jagd zu dienen hat.

Wenn der naturnahe Waldbau erfolgreich ist, ändern sich auch die Bedingungen der Rehjagd im Wald. Die Kraut- und Strauchschicht vitaler Mischwälder ist dicht und üppig. Viele Rehe können hier leben, aber man bekommt sie schwer zu Gesicht. Die Zeiten, in denen Bock, Geiß und Kitz am Abend und am frühen Morgen gierig aus dunklen Fichtendickungen zum Fressen auf Waldwiesen oder Wildäcker ziehen, wo auf der bequemen Kanzel der Jäger mit der Büchse sitzt und »sein Wild« begutachtet wie ein Bauer sein Vieh, sind dann vorbei. Man muss das Wild in Bewegung bringen mit Treibern und besser noch mit Hunden. Was spräche dagegen, bei einer solchen Jagd das Reh mit der Schrotflinte zu schießen? Und warum sollte dann der geweihlose Bock im Winter geschont werden? Heute steht das Reh neun Monate lang, von Mai bis Januar, unter dem Druck der Ansitzjagd, deren Effizienz in dem Maße ab- wie ihre Intensität zunimmt.

Dumm sind die Rehe ja nicht, sie merken schnell, von wo ihnen Gefahr droht. Kurze, intensiv genutzte Jagdzeiten verringern den Jagddruck und lassen die Rehe wieder vertrauter und damit auch für Nichtjäger sichtbar werden. Vier Wochen im Mai genügen, um Böcke und Schmalrehe zu schießen, also die einjährigen weiblichen Tiere, die noch nicht tragend sind oder Kitze haben. Von September bis Dezember könnte alles Rehwild bejagt werden. Es fiele dann die sogenannte Blattjagd weg, die Lockjagd auf den brunftigen Bock im Hochsommer. Mit einem Buchenblatt oder einem künstlichen Locker ahmt der Jäger dabei das Fiepen der Ricke oder des Kitzes nach, um den Bock zum »Zustehen« zu bringen. Ich gebe zu, das kann eine sehr spannende Jagdart sein. Andererseits hat sich mir nie erschlossen, worin der besondere Reiz liegen soll, einen tierischen Geschlechtsgenossen just dann totzuschießen, wenn er sich dem Geschäft der Fortpflanzung widmet, möglichst noch in dem Moment, in dem er kurz vor dem Ziel seiner Wünsche ist.

Konservative Jäger werden mir jetzt vorwerfen, ich betreibe mit solchen Ideen das Geschäft des Ökologischen Jagdverbands, der den Schrotschuss auf Rehwild oder die Aufhebung der winterlichen Schonzeit für Böcke seit seiner Gründung 1989 fordert – zu seinen Gründern zählte übrigens auch Horst Stern – und grundsätzlich die Jagd unter die Maxime »Wald vor Wild« stellen will. Dem Verband gehören überwiegend Förster an. Seine Mitgliederzahl beträgt eher ein paar Hundert als ein paar Tausend; gegenüber den 290 000 in den Landesjagdverbänden organisierten Jägern sind die Öko-Jäger zahlenmäßig eine verschwindende

Minderheit. Sie finden in den Medien allerdings eine ungemein große Resonanz. Das hängt sicher damit zusammen, dass sie das Öko-Etikett nutzen, auch wenn es schlicht um holzwirtschaftliche Interessen geht. Die gegenwärtige Bundesvorsitzende Elisabeth Emmert versteht es besser als die meisten Funktionäre der traditionellen Jagdverbände, auf Zeitgeistwellen zu surfen. Und Journalisten lassen sich in Sachen Jagd nur allzu gern Bären aufbinden, wenn ihre Gewährsleute die politisch korrekte ökologische Gesinnung vorzuweisen haben. Aber auch wenn man all das bedenkt, so muss man doch zugestehen, dass der Öko-Jagdverband früh erkannt hat, wo die Jagd reformbedürftig ist. Wo er recht hat, da hat er nun einmal recht und findet immer wieder das Gehör des Gesetzgebers, zumal die Fachverwaltungen, in denen Gesetze und Verordnungen entstehen, eine hohe Dichte an Öko-Jägern aufweisen. Wenn sich in den vergangenen Jahren die gesetzlichen Bedingungen für die Jagd verändert haben, dann immer in der vom Öko-Verband vorgegebenen Richtung, auf welche die traditionellen Jagdverbände nach und nach eingeschwenkt sind. Das grundsätzliche Verbot, Schalenwild zu füttern, das in vielen Bundesländern gilt, ist ein Beispiel dafür. Die Ausrichtung von Abschussquoten an forstlichen Vegetationsgutachten ein anderes.

Das Verbot des Schrotschusses auf Rehe und die winterliche Schonzeit für Böcke, zwei wesentliche Effizienzbremsen der Rehjagd, werden von den traditionellen Jägern sozusagen bis zum letzten Blutstropfen verteidigt. Man hat fast den Eindruck, es ginge bei diesen Fragen um Sein oder Nichtsein des deutschen

Waidwerks. In gewisser Weise ist das ja auch so. Mit einer Hege, die sich vor allem dafür interessiert, was männliche Rehe zeitweise auf dem Kopf haben, wäre die winterliche Flintenjagd auf Rehe schwer zu vereinbaren. Eine tief verwurzelte Jagdmentalität sieht sich herausgefordert. Doch braucht man nicht weit in die Geschichte zurückzugehen oder über die deutschen Grenzen hinauszublicken, um das als selbstverständlich zu finden, was heute undenkbar erscheint. So wie damals meine Groß- und Urgroßväter im Groß-Rohrheimer Wald jagen Schweizer oder Schweden heute noch – was das Rehwild in seinem Ausbreitungsdrang im Übrigen nicht weiter stört. Das Rehwild ist der schönste Anlass, bei der Jagd allen politisch-ideologischen Ballast abzuwerfen. Man sollte nicht zu viel über es reden, man sollte es jagen. Es ist genug davon da.

DIE SAU

Der Keiler ist aus Pappe. In flottem Tempo quert er auf einer Schiene den Erdwall am Ende des Schießstandes. Wenn ich mit der Büchse mitfahre und mit dem Visier etwa am Hals bleibe, müsste die Kugel in der Zehn sitzen, im Leben, Volltreffer. Es knallt. Der Schuss sitzt auf der Hinterkeule. Ein alter Fehler, der schwer auszumerzen ist. Ich habe im Moment des Schusses mit dem Mitschwingen aufgehört und deshalb viel zu weit hinten getroffen. Man muss in der Bewegung schießen, wenn man laufende Keiler treffen will. Auf dem Schießstand kann man sich das nach und nach antrainieren. Man sollte das tun, wenn man überhaupt eine Chance haben will, bei Bewegungsjagden auf Wildschweine Beute zu machen. Manchmal wird man bei solchen Jagden ohne einen Nachweis über Schießübungen auf den laufenden Keiler gar nicht mehr zugelassen.

Im Oktober geht es los mit diesen Jagden, bei denen das Wild von Treibern und/oder Hunden aus seinen Einständen gedrückt wird. Sie nehmen immer größere Dimensionen an. Oft sind mehr als 100 Jäger an ihnen beteiligt. Sie gelten heute als das effektivste Mittel, die Schalenwildbestände zu regulieren. Es wird bei solchen Jagden zwar auch Reh-, Rot- und Damwild geschossen, in den meisten Revieren stehen aber die Wildschweine ganz oben auf der Abschussliste, weswegen der Aufmarsch zur Jagd bisweilen einen martialischen Charakter annimmt. Hundeführer in orange-gelb-roten Kampfanzügen versuchen, ganze Meuten kleiner, scharfer Terrier zu bändigen, die den Schwarzkitteln in ihren Brombeerverhauen auf die Schwarte rücken sollen. Die eleganten Büchsen, die traditionsreichen Drillinge, die betagten Lodenmäntel älterer, beschaulicherer Jagdzeiten sind nahezu verschwunden. Auch die Gewehre präsentieren sich immer öfter schreiend bunt, kurz und handlich und verfügen über eine erhebliche Feuergeschwindigkeit. Es soll »Strecke gemacht« werden. Es mag ja sein, dass für manchen der angereisten Jäger die Jagd immer noch zuerst ein geselliges Ereignis ist, dass sie die Aussicht auf einen spannenden Tag in der freien Natur und vielleicht auf das eine oder andere geschäftlich förderliche Gespräch aus dem Bett treibt. Doch wenn sie sich dann im Morgennebel versammeln und die Anweisungen des Jagdleiters entgegennehmen, dann schauen sie so, als hätten sie einen ernsten Kampfauftrag zu erfüllen. Und so ganz falsch liegen sie damit nicht.

Meine Sorge gilt vor allem meinem Hund. Er ist noch jung. Es ist seine erste Drückjagd. Zur angegebenen Uhrzeit »schnalle« ich ihn. Das heißt, ich nehme ihm das Halsband ab und schicke ihn in den Wald. Er trägt eine gelbgrüne Weste mit Reflektoren. Sie soll verhindern, dass er mit einem Wildschwein verwechselt wird. Außerdem hoffe ich, dass die Weste auch ein bisschen vor spitzen Schweinezähnen schützt. Mein Hund weiß zuerst nicht, was er tun soll. Er kann offenbar nicht glauben, dass er die Freiheit hat, sich ins Getümmel zu stürzen. Ich muss ihn regelrecht davonscheuchen. Endlich verschwindet er in einer Dickung. Sekunden später wird er laut, seine Stimme überschlägt sich, es rumpelt und knackt im Gehölz, aus dem bald ein laufendes Keilerchen bricht. Auf meinen Schuss hin überschlägt es sich und bleibt liegen. Das Üben hat offenbar genützt. Mein Hund hat Geschmack am Jagen gefunden. Erst gegen Ende der Jagd kommt er abgekämpft zu mir zurück, voller Kletten, doch zum Glück ohne größere Schramme. Ich schleppe das Schwein zum nächsten Forstweg. Bei solchen durchorganisierten Jagden braucht man das Wild nicht mehr im Wald auszunehmen. Das geschieht zentral am Streckenplatz, wo ein Tankwagen mit Wasser steht, damit hygienisch alles seinen geordneten Gang geht.

Für den Einzelnen bestehen solche großen Jagden vor allem aus Warten. Warten auf den Jagdbeginn, Warten auf das Wild, Warten auf den Hund, Warten auf die Strecke, die nach und nach herbeigebracht wird. Der Streckenplatz ist mit Fichtenreisern ausgelegt. Dort werden die geschossenen Tiere in strenger Ordnung aufgereiht. Zuerst die Hirsche, dann das weibliche Rotwild und die Kälber, am Ende die Rehe. Die breite Mitte ist graubraun bis grauschwarz und besteht aus Wildschweinen – wenn alles gut gegangen ist, aus vielen Wildschweinen, und zwar vor allem aus Frischlingen. Denn es gilt, den Nachwuchs abzuschöpfen. Wenn eine Bache angeliefert wird, ein weibliches Wildschwein, dann verfinstern sich die Mienen vieler Jäger. »Das hätte nicht passieren dürfen«, knurren sie dann. Mit einbrechender Dunkelheit werden Feuer an den Ecken des Streckenplatzes entzündet. Man schreitet zur Übergabe der Brüche und zum Verblasen der Strecke – Hirsch tot, Sau tot, Reh tot. Jeder erfolgreiche Jäger bekommt einen Fichtenzweig. Sehr stimmungsvoll ist das, wenn die Hörner im Wald erklingen, der schwarz steht und schweigt, und aus den Wiesen der Nebel steiget wunderbar. In solchen Momenten werde selbst ich sentimental.

Es ist mit den Sauen nicht immer so aufregend und aufwendig. Als ich an einem Abend kurz vor Weihnachten am Stadtrand von Berlin auf den Hochsitz kletterte, saßen die Schweine schon im Schnee und dösten, vier halbwüchsige Frischlinge. Sie schienen sich nicht an mir zu stören. Ich nestelte eine Patrone aus meiner Jackentasche und lud mein Gewehr. Da wurden sie aufmerksam. Einer löste sich aus der Gruppe und hielt misstrauisch den Rüssel in den Wind. Den schoss ich tot. Die anderen drei verschwanden in der Nacht. Wenn die ehemaligen Rieselfelder von Berlin-Pankow nicht verschneit gewesen wären und der Mond nicht hell am Himmel gestanden hätte, ich hätte die Schweine wahrscheinlich nicht rechtzeitig bemerkt. Ich rechne lieber nicht aus, wie viele Stunden Jagdzeit nach vielen erfolglosen nächtlichen Ansitzen mich diese Beute gekostet hat. Etwa eine halbe Million Wildschweine werden zurzeit jährlich in Deutschland geschossen. Veranschlagt man für jedes – das ist wahrscheinlich noch zu optimistisch – fünf Stunden, kommt man auf zweieinhalb Millionen Jagdstunden. Wer wollte die bezahlen, wenn man sie bezahlen müsste?

Mein Schwein war ein Schweinchen. 17 Kilo wog es aufgebrochen, also ohne Innereien. Den Rücken gab es an Heiligabend, butterzart. Es ist schön, wenn man weiß, was auf den Tisch kommt. Beim gemeinsamen Essen verflüchtigen sich alle Zweifel, ob man noch ganz bei Trost sei, sich halbe Nächte um die Ohren zu schlagen, sich im Sommer von Mücken und im Winter vom Frost stechen zu lassen. Der Frischling in der Pfanne spricht eine eindeutige Sprache. Das war wohlgetan, sagt er. In solchen Momenten, in denen die Jagd ihren kulinarischen Abschluss findet, vergisst man auch, dass es durchaus offen ist, ob die Jäger über das Schicksal der Wildschweine oder die Wildschweine über das Schicksal der Jäger entscheiden. Wir reden vom »Schwarzwildproblem«, an dem sich seit Jahren die Gemüter nicht nur von Jägern und Landwirten erhitzen. Das Erlegen meines Frischlings ist nur ein minimaler Beitrag zur Lösung dieses Problems. 150 Wildschweine schossen wir im Gebiet des Forstamtes Pankow im Norden Berlins in einem Jahr. Trotzdem sehen die Wiesen hier an vielen Stellen so aus, als wären sie umgepflügt.

Wenn die großen Maisschläge am Berliner Stadtrand geerntet werden, gibt es Wildschweinalarm. Der Förster versucht, so viele Jäger wie möglich zusammenzutrommeln. Dann klingelt auch bei mir das Telefon. Nur zu gern lasse ich mich vom Schreibtisch loseisen. Es muss schnell gehen. In den Maisfeldern sitzen die Schweine wochenlang ungestört. Jetzt treibt der Maishäcksler sie vor sich her. Bahn um Bahn zieht die riesige Erntemaschine. Immer kleiner wird die Maisinsel in der Mitte des Feldes. Wenn er Schweine direkt vor sich hat, schaltet der Fahrer das orangefarbene Blinklicht ein. Irgendwann verlieren die Schweine die Nerven und suchen das Weite. Dann sind hoffentlich schon genug Jäger in roten Signalwesten am Rand des Feldes postiert. Schüsse fallen. Wenn es gut läuft, bleiben sieben oder acht Sauen auf der Strecke. Viel mehr entkommen. Die Maisjagd ist gefährlich, nicht nur für die Wildschweine. Kleine Unachtsamkeiten, unüberlegtes, überhastetes Schießen in der Hitze des Gefechts können schlimme Folgen haben. Mancher Jäger ist schon von einer verirrten Kugel getroffen worden. Und trotzdem gehören Männer mit Gewehren und roten Signalwesten inzwischen fest zur Szenerie der Maisernte. Jäger sind keine Krieger. Aber im Zusammenhang mit dem Schwarzwild fällt das Wort Krieg immer öfter. Was ist los?

Wildschweine sind zum Politikum mit Dauerpräsenz in den Medien geworden. Da randalieren ganze Rotten in Supermärkten und verenden im Kugelhagel von Polizeipistolen, wie im hessischen Rüsselsheim geschehen, wo im September 2008 Polizisten mehr als 100 Schüsse auf sechs Schweine abgaben, die sich in die Innenstadt verirrt hatten. Das Ereignis ist als »Blutsonntag von Rüsselsheim« in die Geschichte eingegangen. Nicht nur in Berlin, das als »Hauptstadt der Wildschweine« weltweite Berühmtheit erlangt hat, sind Hunde in stadtnahen Wäldern ihres Lebens nicht mehr sicher. Vorgärten werden zur Schweine-Kinderstube. Kindertagesstätten müssen vorübergehend geschlossen werden, weil Überläufer sich in den Sandkästen vergnügen. Vor wenigen Jahren noch undenkbar, wird heute, diskret zwar und im Schutze der Nacht, auch in den Städten gejagt, also in den, wie es juristisch so schön heißt, eigentlich »befriedeten« Bezirken, wo die Jagd normalerweise ruht.

Nicht nur Wildschweine, auch andere Wildtiere wandern in die Städte ein. Füchse oder Waschbären, die Mülltonnen kontrollieren, gehören vielerorts zum Stadtbild. Parks, Stadtbrachen, Baulücken, stillgelegte Industrieanlagen bieten den Arten Lebensraum, die außerhalb der Städte selten geworden sind. In Berlin sollen mehr Nachtigallen brüten als in ganz Bayern. Dass auch der Allesfresser Wildschwein die Chancen der Großstadt nutzt, kann nicht verwundern. Die Städter werden lernen müssen, sich mit den Stadtschweinen zu arrangieren, sie auf Distanz zu halten, sie nicht zu füttern und sich ihrer gegebenenfalls auch mit allen erlaubten Mitteln zu erwehren. Die Stadtschweine sind ein besonders spektakulärer Beleg dafür, dass Wildtiere sich ihren Lebensraum nach anderen Gesichtspunkten suchen, als naturromantische Großstädter glauben. Sie brauchen keine »Naturoasen«. Mit dem »Schwarzwildproblem«, das Jäger und Landwirte in Bedrängnis bringt, haben die Stadtschweine allerdings nicht viel zu tun. Dieses Problem entfaltet seine politische Brisanz auf jenen rund 80 Prozent der Landesfläche, die land- und forstwirtschaftlich genutzt werden.

Würde die Politik den Forderungen mancher Bauernfunktionäre oder etwa der Interessengemeinschaft der Schweinehalter Deutschlands folgen, die ein Überspringen der Schweinepest in ihre Ställe fürchtet, müsste ich mich als Jäger total umstellen und verwandeln. Ich sähe dann etwa so aus wie ein Angehöriger eines KSK-Kommandos in Afghanistan. Nachtsichtgerät und Laservisierung wären das Mindeste. Statt Maiskörnern für die Lockfütterung müsste ich Anti-Baby-Pillen in der Tasche mitführen und sie an den Lieblingsplätzen der Sauen verteilen. Und für den Nahkampf bräuchte ich ein langes Messer oder eine Pistole, denn auch die Wildschweine, die in großen Käfigfallen gefangen werden sollen, müssten ja irgendwie ums Leben gebracht werden. Heute kann man solche Vorstellungen noch als Extremismus abtun. Aber wenn durch die herkömmliche Jagd das rapide Wachstum der Wildschweinbestände nicht eingedämmt werden kann, werden sie auf die politische Tagesordnung kommen. Sogar der Einsatz der Bundeswehr ist schon gefordert worden.

Man muss sich einige Zahlen vor Augen führen, um die Dimension des Problems zu erkennen. Vor 80 Jahren betrug die Schwarzwild-Jagdstrecke nur ein Zehntel der heutigen. Auch in der Bundesrepublik und der DDR wurden bis Ende der 1960er-Jahre zusammen nie mehr als 50 000 Wildschweine geschossen. Dann ging es in großen Schritten nach oben. Mitte der 70er-Jahre wurde die Hunderttausender-Marke erreicht, Ende der 80er-Jahre hatte sich die Strecke noch einmal verdoppelt, Anfang der 90er lag sie bei 300 000, zur Jahrtausendwende bei 400 000, schon im darauf folgenden Jahr wurde die 500 000 erreicht. Im Jagdjahr 2008/09 schossen die Jäger 646 790 Sauen. Damit kam die Schwarzwild- zum ersten Mal in die Nähe der Rehwildstrecke, die seit Jahren stabil bei einer Million liegt. Dazwischen gab es Einbrüche, etwa nach dem strengen Winter 2005/06. Aber nach solchen natürlichen Ereignissen explodierten die Bestände immer wieder aufs Neue. Die jährliche Reproduktionsrate einer Schwarzwildpopulation liegt bei 200 bis 300 Prozent des Ausgangsbestandes.

Die Ursachenforschung für die Schwarzwildexplosion ist noch nicht abgeschlossen. Aber zwei Hauptfaktoren lassen sich doch ausmachen: Klima und Landwirtschaft. Auch wenn die strengen Frostperioden, die wir immer wieder erleben, andere Gedanken aufkommen lassen, muss man doch feststellen, dass die letzten beiden Dekaden von ausgesprochen warmen Wintern geprägt waren. Das hat die Sterblichkeit neugeborener Frischlinge im zeitigen Frühjahr stark reduziert. Auch auf die Vegetation hat die Wärme, verbunden mit dem Stress durch Umweltbelastungen, Auswirkungen. Früher standen, wie der Förster sagt, Buchen und Eichen nur alle vier oder fünf Jahre voll in der Mast, brachten also ein Optimum an Früchten. Heute ist das fast in jedem Jahr der Fall. Der Wald ist durchgehend Wildschwein-Schlaraffenland. Viel mehr gilt das aber noch für die Felder. Zum Mais sagen die Jäger Schweineglück. 1960 wuchs dieses Glück in Deutschland auf 50 000 Hektar, 1970 auf 400 000, 1990 auf 1,6 und heute auf 2 Millionen Hektar, Tendenz ebenso steigend wie die Zahl der Biogasanlagen. Eine ähnliche Entwicklung nahm der Rapsanbau. Den Raps schätzt das Wildschwein fast so wie den Mais. Die bewirtschafteten Schläge wurden immer größer, die Jagd in diesen Agrardschungeln ist schwierig bis unmöglich. Vom Frühjahr bis zum späten Herbst bieten sie dem Schwarzwild Unterschlupf und Nahrung. Hubschrauberflüge über die Felder lassen manchen Landwirt blass werden beim Blick auf die Verwüstungen in ihrem Inneren.

Heiß umstritten ist die Relevanz eines dritten Faktors: der Jagd selbst. Vor allem Jagdgegner behaupten, die Jäger seien schuld am Schwarzwildproblem, es sei »hausgemacht«, denn die wüste Ballerei stachele die Vermehrung der Schwarzkittel überhaupt erst an. Dahinter steht eine wildbiologische Hypothese, die allerdings wissenschaftlich nicht bewiesen ist. Sie besagt, dass die Leitbachen einer Rotte, also eines Familienverbandes, die Reproduktion kontrollieren, indem sie jüngere Weibchen an der Fortpflanzung hindern. Bei anderen sozial lebenden Arten, wie zum Beispiel Wölfen, ist das erwiesenermaßen der Fall. In Bezug auf Wildschweine ist das aber wohl Wunschdenken. Es gibt Beobachtungen, dass die Leitbachen den Zyklus aller weiblichen Tiere ihres Verbandes synchronisieren, alle Weibchen also ungefähr zur selben Zeit ihre Jungen bekommen. Dafür, dass nur die Leitbache sich fortpflanzt, gibt es keine Anhaltspunkte und damit auch keine wissenschaftliche Grundlage für die Forderung, die Wildschweine einfach in Ruhe zu lassen, weil sich dann alles von selbst regele.

Die Art reagiert auf für sie optimale Umweltbedingungen mit maximaler Fortpflanzung. Selbst weibliche Frischlinge im Alter von wenigen Monaten sind daran in erheblichem Umfang beteiligt und scheren sich um die Autorität von Leitbachen keinen Deut. Alles andere widerspräche auch der Überlebensstrategie des Schwarzwildes als Art, die darauf gerichtet ist, unter günstigen Bedingungen das gesamte Reproduktionspotenzial auszuschöpfen. Solche optimalen Bedingungen jedoch sind von der Ausnahme zur Regel geworden.

Es ist schon erstaunlich, wie zäh sich scheinwissenschaftliche Vorurteile behaupten, wenn sie in ideologische Konzepte passen. Wildbiologen wie Ulf Hohmann und Ulrich Wotschikowsky ziehen seit Jahren gegen den Leitbachen-Mythos zu Felde. Nach ihren Recherchen findet sich in der wissenschaftlichen Literatur kein einziger Beleg dafür, dass die Leittiere in den matriarchalisch organisierten Sozialverbänden der Wildschweine eine die Reproduktion begrenzende Rolle spielen. Aber von der unantastbaren Leitbache als weiser Urmutter und ökologischer Clearingstelle, als Ankerpunkt des natürlichen Gleichgewichts, wollen weder die Jagdgegner noch die konservativen Jäger lassen. Beide fürchten, dass die Jagd die Quelle aller Unordnung sei. Sie ziehen nur gegensätzliche Konsequenzen daraus. Die Jagd einstellen, fordern die einen, dann werde sich alles von selbst richten. Die Schonung der Leitbachen, sagen die anderen, sei die Voraussetzung dafür, die Wildschweinbestände durch Jagd »in den Griff« zu bekommen, sagen die anderen. Sie betrachten die Bachen gewissermaßen als Kapital, das geschont werden muss, wenn es weiterhin Zinsen bringen soll. An sich ist ein solch »nachhaltiger« Umgang mit der natürlichen Ressource Wildschwein ja sympathisch. Er verkennt nur, dass es längst nicht mehr darum geht, den Schwarzwildbestand zu erhalten. Er muss deutlich reduziert werden.

Die Forderung kann also nicht lauten »Schluss mit dem Wildschweinmassaker«, sondern sie muss heißen: Noch effektiver jagen! Das kollidiert allerdings mit tief verwurzelten Einstellungen konservativer Jäger. Verstehen kann man, dass sie die Jagd nicht zur Schädlingsbekämpfung verkommen lassen wollen. Aber manche ehernen Prinzipien der überkommenen

Waidgerechtigkeit müssen doch überdacht werden. Solange es als »unwaidmännisch« gilt, Bachen zu erlegen – sie könnten ja trächtig sein –, wird die Jagd das Schwarzwildproblem nicht lösen können. Nach dem Bundesjagdgesetz ist es eine Straftat, ein weibliches Tier zu schießen, das abhängige Junge führt. Dabei muss es bleiben. Aber warum soll bei Wildschweinen der Abschuss trächtiger Tiere ein Frevel sein, wenn er doch etwa bei Reh- und Rotwild die Regel und gefordert ist? Rehgeißen und Hirschkühe sind fast immer trächtig, wenn sie im Spätherbst oder Winter, ihrer Hauptjagdzeit, geschossen werden. Und weibliche Wildschweine sind es, sobald sie das gestreifte Frischlingskleid abgelegt haben, auch sehr oft. Wer aber die Reproduktionsdynamik einer Population brechen will, der muss, so grausam es klingt, ihre Träger dezimieren. Und das sind nun einmal die Weibchen.

Die Wildschweinjagd muss sich von Vorstellungen traditioneller Hege lösen. Es kann heute nicht mehr darum gehen, den »reifen Keiler« ins Zentrum hegerischer Anstrengungen zu rücken. Sie sind nicht als »Erntekeiler« der Lohn aller Mühen. Ob man alte Keiler totschießt oder nicht, ist für die Population ziemlich irrelevant. Es schadet nichts, es nützt auch nichts. Aber die Zeit, die der Jäger mit dem Warten auf ein schwarzes Urviech mit großen Hauern verbringt, ist sinnvoller verwendet für die Jagd auf den wuselnden Nachwuchs und alle weiblichen Tiere, die gerade keine Jungen säugen. Mit anderen Worten: Wer angesichts der ausufernden Wildschweinbestände zu allererst an Trophäen denkt, wer fürchtet, er könne bald zu wenige Wildschweine im Revier haben und deshalb die erlaubten Lockfütterungen zu verbotenen kalten Buffets ausbaut, der hat nicht verstanden, worum es geht. Der nächste größere Zug der Schweinepest könnte das Ende des traditionellen Waidwerks auf das Schwarzwild bringen.

Dessen politische Macht ist nicht zu unterschätzen. In der Revolutionszeit von 1848 waren es vor allem Felder verwüstende Wildschweine, die das Landvolk gegen die adeligen Jagdprivilegien auf die Barrikaden trieben. Und nach dem Zweiten Weltkrieg, als in West und Ost die Wildschweine die ohnehin riesigen Ernährungsprobleme noch verschärften, ließen die Besatzungsmächte zum ersten Mal wieder Schusswaffen in deutschen Händen zu, um dieser Plage zu begegnen. Jagd ist nach dem Gesetz ein öffentlicher Auftrag. Vor allem bei der Wildschweinjagd sollten sich die Jäger von dem Gedanken verabschieden, es gehe hier vor allem um ihr Vergnügen. Das stellt sich von ganz alleine ein, wenn der Frischlingsrücken in der Pfanne schmurgelt.

Wie die Wölfe

DER WOLF

Seit der Jahrtausendwende ist Deutschland wieder Wolfsland. Nicht nur einzelne Tiere durchstreifen, aus dem Osten kommend, auf der Suche nach einem Territorium unsere Wälder. Das ist in den vergangenen Jahrzehnten immer wieder einmal vorgekommen. Jäger fanden Spuren oder gerissenes Wild. Manchmal wurden die grauen Schatten auch gesehen. Aber es waren doch eher Gespenster, die so schnell wieder verschwanden, wie sie aufgetaucht waren. Sie verluderten am Rand einer Autobahn oder wurden von einer diskreten Kugel getroffen. Sie waren ja vogelfrei. Jetzt aber haben die Wölfe Ernst gemacht mit ihrer Rückkehr in ein Land, in dem sie seit 150 Jahren so gut wie ausgerottet waren. In manchem Heimat- oder Naturkundemuseum steht ausgestopft und von Motten mehr oder weniger zerfressen einer jener »letzten« Wölfe, die wackere Jägersleut irgendwann im 19. Jahrhundert erlegt hatten – zur Erleichterung des ehrbaren Landvolks. War der Wolf tot, hatte der Fortschritt gesiegt.

Heute ist es genau umgekehrt. Die meisten Leute halten es für einen Fortschritt, dass die Wölfe wiederkommen. Die Sympathie für sie wächst allerdings mit dem Abstand zu ihnen. Sie ist in den Großstädten am meisten ausgeprägt. Dort, wo die Leute sich tatsächlich mit den neuen Nachbarn arrangieren müssen, begegnet man den Wölfen eher mit gemischten Gefühlen.

Ich sehe im Wolf einen Jägerkollegen. Und zwar einen, der in jeder Hinsicht bewunderungswürdig ist. Gemessen an seinen Sinnesleistungen, seiner Ausdauer und seinem Jagdverstand komme ich mir als zweibeiniger Gewehrträger mit Fernglas doch ziemlich minderbemittelt vor. Wäre mir die Nase meines Hundes nicht zu Diensten, wäre ich oft mit meinem Latein schnell am Ende. Leider hatte ich noch nie das Glück, auf der Jagd einem Wolf zu begegnen. Nur in Kanada sah ich einmal einen in freier Wildbahn. Ähnlich wird es den meisten Jägern in Deutschland gehen. Sie bekommen nie einen Wolf zu Gesicht. Trotzdem ist die Anwesenheit der Wölfe eine geradezu existenzielle Herausforderung für die Jäger. Sie müssen sich an einem Superjäger messen lassen. Sie halten die Spitze der Nahrungspyramide nicht mehr alleine besetzt. Ein Konkurrent, ein Lehrmeister, auch ein Helfer ist dazugekommen. Die Wölfe bringen frischen Wind ins Jagdwesen.

Die Lausitz ist sozusagen ihr Quellgebiet. Von hier aus breiten sie sich aus. Ich fahre oft in diese und andere Wolfsgegenden. Es ist spannend zu erfahren, wie ein Wildtier Gesellschaft und Politik in Bewegung versetzt. Uralte Konflikte brechen wieder auf. Es zeigt sich aber auch, dass sie auf eine neue Weise gelöst werden können. Ich bin kein Wolfsromantiker. Ich sehe im Wolf nicht einen anbetungswürdigen Wildnisgott. Er ist ein Realist, durch und durch ehrlich. Und er zwingt alle, die mit ihm zu tun haben – Jäger, Viehzüchter, Naturschützer –, ehrlich zu sein. Wer sich mit dem Wolf auseinandersetzt, hat die Chance, klüger zu werden.

Der Aussichtsturm am Schweren Berg bei Weißwasser in der sächsischen Lausitz bietet einen weiten Blick über den Braunkohletagebau Nochten. Abraumhalden dehnen sich bis zum Horizont. Wo die gigantischen Bagger, die den Brennstoff für das Kraftwerk Boxberg fördern, ihre Arbeit schon verrichtet haben, erstrecken sich Heide und Jungwald, wiederhergestellte Natur, Landschaft aus Menschenhand. Irgendwo da unten steckt Einauge. In der Nacht hat sie ein Reh gefangen. Von dem Riss ließ das Rudel nur ein paar Fetzen Fell und Knochen übrig. Einauge ist schwerfällig geworden. Bald wird sie in ihrem Bau ihre Jungen zur Welt bringen. Seit 2005 hält sie das Nochtener Revier besetzt. Sie fand einen Gefährten und warf in jedem Frühjahr Welpen. Obwohl ihr das rechte Auge fehlt und obwohl sie humpelt, ist Einauge eine sehr erfolgreiche Wölfin, fruchtbar, beständig, vorsichtig und erfahren. Neun oder zehn Jahre hat sie jetzt auf dem Buckel. Für einen Wolf in freier Wildbahn ist das ein stolzes Alter. Einauge ist eine der Urmütter der deutschen Wölfe.

Geboren wurde sie nicht weit von ihrem jetzigen Revier auf dem Truppenübungsplatz Oberlausitz in der Muskauer Heide. Ihre Eltern waren aus Polen eingewandert. 1998 muss das gewesen sein. Seitdem jedenfalls fanden die für den Wald der Bundeswehrliegenschaft zuständigen Bundesförster Anzeichen dafür, dass ein Wolfspaar zwischen Schießbahnen und Panzerspuren jagte. Im Frühling nach der Jahrtausendwende setzte dieses Paar Nachwuchs in die

Welt. Es ist, als hätte es ein Gespür für historische Zäsuren gehabt. Als die Bonner zur Berliner Republik wurde, waren auch die Wölfe da, kaum mehr als 100 Kilometer von der neuen Hauptstadt entfernt, die gerade begann, sich zur Metropole zu mausern. Zum ersten Mal seit 150 Jahren hatten sie sich in Deutschland in freier Wildbahn fortgepflanzt. Sie blieben und zogen Jahr für Jahr Welpen auf.

Zunächst versuchten Förster und Naturschützer, daraus ein Geheimnis zu machen. Sie fürchteten, dass den Räubern Öffentlichkeit nicht gut bekäme. Doch das Geheimnis war nicht lange zu hüten. 2001 stand es in den Zeitungen, dass die Wölfe nach Deutschland zurückgekehrt sind. Seitdem wird über sie gestritten, was sie allerdings nicht daran hindert, sich das Land, aus dem sie nahezu verschwunden waren, Schritt für Schritt zu erobern. Aus wölfischer Sicht nämlich ist die Bundesrepublik ein sehr attraktiver Lebensraum. Hirsche, Rehe und Wildschweine gibt es im Überfluss, Schafe und Ziegen und ab und zu ein streunender Hund bereichern den Speisezettel. Vor allem aber: Es darf den Wölfen kein Haar gekrümmt werden. Sie genießen den höchsten denkbaren Schutz nach nationalem und internationalem Recht.

600 Kilometer südlich des Nochtener Tagebaus muss man hoch hinauf, um sich einen Überblick zu verschaffen. Mit der Seilbahn fährt der Wanderer auf den Taubenstein oberhalb des Spitzingsees, von wo aus er auf einem »Wolfswanderweg« durchs Mangfallgebirge steigen kann, durch jene oberbayerische Bilderbuchlandschaft, die vor fünf Jahren der Braunbär Bruno aufmischte, bis er auf Anweisung

der bayerischen Staatsregierung als Problembär erlegt wurde. Der Wanderer muss sich die Wegbeschreibung allerdings im Internet suchen (www.bayern-wild.de). Hinweistafeln in der Natur gibt es nicht. Der World Wide Fund For Nature (WWF) und die Münchner Gregor Louisoder Umweltstiftung, Urheber dieses wolfstouristischen Angebots, wollten die Almbauern mit solchen Installationen nicht unnötig provozieren. Die Eigner und Nutzer der Almen, über die der Wanderweg führt, waren nicht eingeladen, als er im Frühsommer 2011 eingeweiht wurde. Sie kamen trotzdem und protestierten lautstark gegen das, was Brigitta Regauer vom Almwirtschaftlichen Verein eine »Verherrlichung des Wolfes« nennt.

Seit Weihnachten 2009 hatte ein Wolf das Rotwandgebiet, eines der beliebtesten Ausflugsziele der Münchner, durchstreift und immer wieder Schafe gerissen, die auf den Almen frei weideten, wie es seit Generationen üblich ist. Genetische Untersuchungen von Kotproben ergaben, dass er aus der italienisch-schweizerischen Wolfspopulation stammt und über Graubünden und Tirol nach Bayern eingewandert sein muss. Seit dem Frühjahr 2011 fehlt von ihm jedes Lebenszeichen. Viele nehmen an, dass ihn die Kugel eines bayerischen oder österreichischen Jägers traf, der das »Wolfsproblem« nach der S-S-S-Methode – schießen, schaufeln, schweigen – lösen wollte. Andere vermuten, dass der Wolf an der Staupe eingegangen sei, die, wie man weiß, in jüngster Zeit sehr unter den Füchsen gewütet hatte. Jedenfalls wollen ihn ältere Damen, die mit ihren Nordic-Walking-Stöcken durchs Gebirge tackerten, krank und abgemagert gesehen haben. Vielleicht ist er aber auch einfach nur weitergezogen. Jedenfalls ist er weg, worüber die Wolfsschützer traurig sind, die Almbauern jedoch nicht. Einig sind sie sich allerdings in der Erwartung, dass bald ein anderer Wolf kommen wird. Und dann noch einer. Und so weiter. Überall in Europa sind die Wölfe auf dem Vormarsch.

Es ist viel Bewegung und Dynamik in diesem Geschehen. Eine Momentaufnahme aus dem Herbst des Jahres 2011 ergibt für Deutschland folgendes Bild: In der sächsischen und der brandenburgischen Lausitz leben neun Wolfsrudel, also Paare mit Nachkommen. Hinzu kommen weitere Wolfspaare, bei denen Nachkommen noch nicht nachgewiesen werden konnten. Ein weiteres Wolfsrudel lebt seit 2009 auf dem Truppenübungsplatz Altengrabow, der teils zu Sachsen-Anhalt, teils zu Brandenburg gehört. In Brandenburg sind außerdem mehrere Gebiete mit territorialen, also sesshaften Wölfen bekannt. Einzelbeobachtungen gab es in den Landkreisen Potsdam-Mittelmark und Dahme-Spreewald. In Mecklenburg-Vorpommern wurden einzelne Wölfe in der Ueckermünder Heide im Nordosten, in der Lübtheener Heide im Westen und in der Müritzregion nachgewiesen. Niedersachsen hat mindestens einen Wolf auf dem Truppenübungsplatz Munster. Einer wagte sich bis vor die Tore Hamburgs. Durch den hessischen Reinhardswald streifte seit 2006 ein Wolfsrüde, der dort vergeblich auf eine Partnerin wartete. Im April 2011 wurde er tot aufgefunden. Er war eines natürlichen Todes gestorben. Was aus dem Wolf geworden ist, der Ende 2010 bei Gießen angefahren wurde, weiß man nicht. Alle diese Wölfe stammen mit einiger Wahrscheinlichkeit aus dem Lausitzer »Quellgebiet« oder sind direkt aus Polen eingewandert. Nur der bayerische Wolf kam aus dem Süden.

Ohne Zweifel also hat sich der Wolf in Deutschland wieder etabliert. Ob hier Platz ist für 440 Wolfsrudel, wie ein vom Bundesamt für Naturschutz in Auftrag gegebenes Gutachten auf der Grundlage von computergestützten Lebensraumanalysen feststellt, sei dahingestellt. Die Gesamtzahl der deutschen Wölfe beläuft sich einstweilen auf etwa 50 bis 80. Dazu kommen im Frühjahr die Welpen, die allerdings in den ersten Lebensmonaten durch Krankheit, Hunger und den Straßenverkehr stark dezimiert werden. Im europäischen Vergleich ist das immer noch wenig. Allein in Spanien gibt es etwa 2000 Wölfe, in Rumänien 3000, in den Balkanstaaten ebenso viele und in Italien 700. In all diesen Ländern war der Wolf, anders als in Mitteleuropa, nie vollständig ausgerottet. Er war immer Teil der heimischen Fauna, wurde mehr oder weniger scharf verfolgt und wird nun mehr oder weniger konsequent geschützt. Aus Deutschland war er lange verschwunden und ist nun für viele überraschend zurückgekehrt. Erfahrungen des Zusammenlebens mit dem Wolf gibt es hier nicht mehr. Das ist ein Grund dafür, dass um ein paar Dutzend Wölfe ein gewaltiger administrativer und wissenschaftlicher Aufwand mit Managementplänen, Monitoring, Wolfsbeauftragten und runden Tischen getrieben wird. Der Wolf ist zum Leittier des Natur- und Artenschutzes geworden. Seine Integration soll den Beweis dafür liefern, dass die ökologische Aufklärung gesiegt hat, dass wir Heutigen es in Sachen Natur besser machen als unsere Urgroßväter. Diese Botschaft jedenfalls wird von Behörden und Umweltverbänden auf Unmengen bedruckten Broschürenpapiers und via Internet unters Volk gebracht. Das Heer der Wolfsanwälte ist um ein Vielfaches größer als das der Wölfe. Das mag auf manchen unbeteiligten Beobachter grotesk wirken. Allerdings bleibt nicht lange unbeteiligt, wer sich näher auf den Wolf und die Folgen seiner Anwesenheit einlässt.

Der Wolf ist ein politisches Tier. Er polarisiert. Er ist beladen mit Mythen, mit dunklen und hellen. Noch immer verbreitet er bei manchen Furcht. Aufgeklärte Zeitgenossen nennen das das »Rotkäppchensyndrom«. Vor allem aber weckt er heute als vermeintlicher Botschafter der unverfälschten Wildnis bei vielen eine grenzenlose naturromantische Begeisterung. Er lässt unterschiedliche Naturkonzepte aufeinanderprallen, städtische und bäuerliche, idealistische und pragmatische. Aber wie immer man zu ihm steht, man wird zugestehen müssen, dass er ein Tier mit ausgeprägtem Charisma ist. Und er ist in vieler Hinsicht dem Menschen auf eine frappierende Weise ähnlich und ihm in seiner domestizierten Form, dem Hund, eng verbunden. Als Mensch und Wolf sich begegneten, kamen sie nicht mehr voneinander los.

Was die Anpassungsfähigkeit an die unterschiedlichsten geografischen und klimatischen Bedingungen angeht, kann unter den Säugetieren nur der Wolf dem Menschen das Wasser reichen – oder umgekehrt. Ursprünglich war er über die gesamte nördliche Erdhalbkugel verbreitet, von der Arktis bis nach Indien und Nordafrika. So unterschiedlich seine Lebensräume sind, so unterschiedlich sind auch seine

Erscheinungsformen. Die Systematiker streiten sich immer noch darüber, wie viele Unterarten des Wolfes es gebe. Die weißen Polarwölfe und die schwarzen Timberwölfe aus Alaska und dem Yukon werden bis zu 80 Kilogramm schwer. Sie jagen Großwild wie Elch, Bison oder Moschusochse. Indische oder arabische Wölfe erreichen gerade einmal ein Viertel dieses Gewichts und ernähren sich eher von Nagern, Vögeln und Aas. Der europäische Grauwolf nimmt eine Mittelstellung ein. Er entspricht in der Größe einem Schäferhund, bringt etwa 40 Kilogramm auf die Waage und weist in seinem Pelz alle Schattierungen von Grau und Braun auf. Bei flüchtigem Hinsehen ist er leicht mit einem wolfsähnlichen Hund zu verwechseln. Doch es gibt spezifische Wolfsmerkmale wie den ausgesprochen breiten Schädel, die im Verhältnis dazu kurzen Ohren, die gerade Rückenlinie und die Hochbeinigkeit. Auch Wolfsspuren lassen sich gut von Hundespuren unterscheiden. Erwachsene Wölfe laufen zielstrebig geradeaus. Hunde bleiben ihr Leben lang »kindisch« und rennen mal hierhin, mal dorthin. Wo genügend Schalenwild – Rehe, Hirsche, Gämsen, Mufflons – vorkommt, ist es die Hauptnahrung des europäischen Wolfs. Mangelt es daran, wie lange Zeit in Italien, stellt er sich um und sucht seinen Fraß wie die »Spaghetti-Wölfe« am Stadtrand von Rom auf Müllkippen. Hat er die Gelegenheit dazu, hält er sich an Nutztiere wie Schafe, Ziegen oder Hühner.

Im Senckenberg Museum für Naturkunde in Görlitz wurden Hunderte von Kotproben der Lausitzer Wölfe untersucht. Es zeigte sich, dass sie ausgesprochene Reh-Fresser sind. Rehe machen 50 Prozent ihrer Nahrung aus, das Rotwild folgt mit 25, das Wildschwein mit 17 Prozent. Das im Wolfsgebiet vorkommende Muffelwild, Wildschafe, die eigentlich in den Bergen Korsikas zu Hause sind und sich vor Fressfeinden in unzugängliche Felsregionen flüchten, war, weil es solche Fluchtmöglichkeiten in der Lausitz nicht gibt, bald aufgefressen und schlug sich in der Nahrungsstatistik über die Jahre kaum nieder.

So wie die wilden Schafe waren auch die Hausschafe am Beginn der Lausitzer Wolfsära eine leichte Beute der Räuber. Etwa 6500 Mutterschafe stehen im Wolfsgebiet. 700 davon gehören Schäfer Frank Neumann aus Rohne. Er produziert Mastlämmer. Sein ganzes Leben hat er sich mit Schafen beschäftigt, gehörte zu DDR-Zeiten mit seiner Schäferei zu einer LPG und ist jetzt Anteilseigner einer Agrar-GmbH. Seine Ställe und Weideflächen werden in wenigen Jahren dem Braunkohlebagger weichen müssen. Er ist zuversichtlich, dass ihm attraktive Ersatzflächen angeboten werden. Die Schäferei will er nicht aufgeben, sein Sohn wird den Betrieb übernehmen. Doch als die Wölfe kamen in einer Aprilnacht des Jahres 2002, da wusste er nicht, wie es weitergehen sollte. Es waren Jungwölfe, die sich vom Elternrudel in der Muskauer Heide gelöst hatten und auf der Suche nach eigenen Revieren in der Gegend herumstreiften. Die Schafe boten sich ihnen dar wie auf einem Präsentierteller. Wildschweine hatten den Elektrozaun des Pferchs durchbrochen. Durch die Lücke brachen die Wölfe ein. Sie beherrschen das Handwerk des Tötens. Sie springen ihrem Opfer an die Kehle, ziehen es nieder und halten es fest, bis das Leben aus ihm gewichen ist. Was sie in der Schafkoppel von Schäfer Neumann nicht verstanden, war, dass die Herde nicht flüchtete, sondern sich in Panik zusammenrudelte. Das provozierte die Räuber zu immer neuen Attacken. Sie richteten ein Blutbad an. Fünfzehn tote Schafe fand Neumann am Morgen. Bei einem weiteren Angriff einige Tage später kamen noch einmal so viele um. Wölfe lernen schnell. Warum sollen sie mühsam Rehe und Hirsche jagen, wenn ihnen das Schafsfleisch wie im Schlaraffenland fast von alleine in den Rachen springt?

Neumann hat das Schäferhandwerk gelernt, wie es in Mitteleuropa üblich ist. Er hütete seine Herden mit Hütehunden, oder er koppelte sie ein. Ihr Schutz vor großen Beutegreifern spielte keine Rolle. Die Wölfe zwangen ihn, Neues zu lernen und unbekannte Wege zu beschreiten. Einem traditionsbewussten Schäfer fällt das nicht leicht. Doch Neumann ist auch ein Schlitzohr und erkennt seine Chancen. In einer Ecke seines Schafstalls führt er stolz den jüngsten Wurf seiner Herdenschutzhunde vor. Die weißen Wollknäuel der Rasse Pyrenäenberghund sind alle schon vergeben. Das Herdenschutzhundwesen ist sozusagen das zweite Standbein Neumanns. Mit seinen Hunden bildet er die sogenannte schnelle Eingreiftruppe. Immer wenn eine Schafherde ins Visier der Wölfe gerät, ist Neumann zur Stelle, gewöhnt Schafe und Hunde aneinander, verbringt viele Nächte am Pferch. Dafür erhält er vom Land Sachsen eine Aufwandsentschädigung. Auch das Hundefutter zahlt der Staat.

Man muss sich klarmachen, dass der Einsatz von Herdenschutzhunden in Sachsen eine kleine Kulturrevolution ist. Eine Kulturtechnik, die bislang höchstens noch in abgelegenen Gebirgsgegenden der Pyrenäen, des Apennin oder der Karpaten verbreitet war, wird in eine Landschaft importiert, die durch und durch Kulturlandschaft ist. Herdenschutzhunde sind etwas völlig anderes als Hütehunde. Diese treiben und lenken die Herde, sammeln versprengte Tiere ein. Sie arbeiten nach dem Kommando des Schäfers auf Zuruf und Handzeichen, sie sind sozusagen sein verlängerter Arm. Typische Hütehunde sind Border Collies und die deutschen Hütehundschläge wie Schafpudel, Gelbbacken oder Füchse. Das Zusammenwirken solcher Hunde mit dem Schäfer zu beobachten bereitet ästhetischen Genuss, es ist wahrhaftig eine Kunst.

Das Zusammenwirken von Schäfer Neumann mit seinen Pyrenäenberghunden hält sich in Grenzen. Er achtet auf ein distanziertes Verhältnis. Kaum dass er den zottigen Riesen einmal einen freundschaftlichen Klaps gibt. Die Hunde werden auf Schafe sozialisiert. Sie wachsen in der Herde auf und sollen sie gegen Raubtiere verteidigen, zunächst durch warnendes Gebell, wenn es sein muss aber auch im Kampf Hund gegen Wolf. Als Entwicklungshelfer in Sachen Herdenschutz betätigte sich im sächsischen Wolfsland der Schweizer Jean-Marc Landry, der in den Alpen viele Jahre lang die Arbeit mit solchen Hunden erprobt hat. Er zeigte Neumann, wie man die Hunde eingewöhnt und wie man sie dazu bringt, Spaziergänger und ihre Hunde zu ignorieren oder sie jedenfalls nicht als Gefahr für die Herde zu betrachten, denn das war die große Befürchtung in der Lausitz, dass friedliche Wanderer sich plötzlich mit zähnefletschenden Bestien konfrontiert sehen. Es ist offenbar nicht leicht, die Schärfe der Hunde richtig zu dosieren. Vor Neumanns Hunden, denkt man, müsste man als Wolf eigentlich keine Angst haben. Sie kommen eher neugierig als drohend an den Zaun. Aber es wäre falsch, sie zu unterschätzen. Seit er sie richtig einsetzt – mindestens zwei müssen bei der Herde sein – gab es keinen Wolfsangriff mehr auf seine Schafe. Nicht alle Schafhalter sind so gut gerüstet. Nachdem es einige Jahre relativ ruhig war an der Wolfsfront, nahmen die Haustierrisse im Jahr 2011 sprunghaft zu, vor allem in den Gebieten, die sich die Wölfe als neue Territorien erschlossen. Der kräftige Zuwachs der deutschen Wolfspopulation bleibt nicht ohne Folgen.

Durch die Herdenschutzhunde hat Neumann seinen Frieden mit den Wölfen gemacht. Oder sagen wir so: Es fällt ihm nun leichter, sich damit abzufinden, dass sie da sind. Neumann sammelt gern Abwurfstangen von Hirschen. Er kommt eben viel draußen herum. Diese »Trophäen« schmücken seinen Hobbyraum. Außerdem bewahrt er hier Medaillen und Pokale auf, die er als Taubenzüchter gewonnen hat. Hessische Kröpfer, die waren seine Lieblingsrasse. Allerdings reitet er dieses Steckenpferd schon lange nicht mehr. Er hat zu viel zu tun mit seinen Schafen, den Hunden und den Wölfen. Zwei Ehrenplätze gibt es an der Wand. Einen für seine Schäfertracht mit Weste, Tasche, Hut und Schäferschippe. Und einen für Einauge, die Nochtener Wölfin. Ein großes Foto, flankiert von zwei Geweihstangen, zeigt sie, wie sie gerade einen Sandweg entlangschnürt, nicht weit an einer kleinen Rotte Wildschweine vorbei. Die haben offenbar gemerkt, dass die Wölfin nicht auf der Jagd ist. Sie lassen sich nicht stören.

Ist der Herdenschutz mit Hunden also das Zaubermittel, um den Konflikt zwischen Wölfen und Schafzüchtern zu lösen? In der Wolfsszene, bei all den Leuten, die sich mit Leidenschaft dem Schutz der Wölfe verschrieben haben, ist der Enthusiasmus dafür grenzenlos. Wolfsfreunde sind fast ausnahmslos auch Hundenarren. Für sie ist es das höchste der Gefühle, wenn Hunde, indem sie Schafe schützen, das Wolfsproblem lösen helfen. Auch auf dem oberbayerischen Wolfswanderweg lernt der Wanderer, dass Herdenschutzhunde ein probates Mittel seien, das Vieh auf der Alm zu schützen. Brigitta Regauer, Bäuerin der Wildfeldalm im Mangfallgebirge und für den Almwirtschaftlichen Verein in der bayerischen »Arbeitsgruppe Große Beutegreifer« – das Gremium wurde aus Anlass der Bruno-Krise eingerichtet –, hält das alles für Spinnerei. Sie habe sich kundig gemacht, sagt sie, und vieles erfahren, was nicht ins geschönte Bild passe. Sehr wohl gebe es immer wieder Probleme mit aggressiven Herdenschutzhunden. In Rumänien, das jetzt in den Genuss von EU-Fördermitteln für den ländlichen Raum komme und einen Aufschwung des Tourismus in den Bergweidegebieten erlebe, komme es immer wieder zu Zwischenfällen. Nicht Wölfe griffen die Touristen oder ihre Hunde an, sondern die Herdenschutzhunde. Wie soll so ein Schutzkonzept in einem Gebiet funktionieren, das so überlaufen ist wie die Almen um die Rotwand? Und was werden die Touristen sagen, wenn dort oben überall orangefarbene Elektrozäune gezogen werden?

Für Brigitta Regauer passen Wolf und Almwirtschaft nicht zusammen. Sie und ihre Berufskollegen sehen sich einer Front aus Naturschutzverbänden und staatlicher Naturschutzpolitik gegenüber, die, so empfinden sie es, rücksichtslos über die bäuerlichen Interessen hinwegtrampelt. Den Verbänden gehe es doch nur um Spenden, für sie sei der Wolf vor allem ein perfektes Werbemittel, sagt die Bäuerin. Außerdem schaffe er Stellen für alle möglichen Experten: »Da hängen Arbeitsplätze an so einem Viech, das ist Wahnsinn.«

Einen dieser durch den Wolf generierten Arbeitsplätze hat die junge Försterin Giulia Kriegel. Sie ist seit Kurzem regionale Wolfsbeauftragte mit Sitz in der Flussmeisterstelle Miesbach, einem Außenposten des Landesamtes für Umwelt. In ihrem Büro wird man freundlich von ihren beiden Weimaraner-Hunden begrüßt. Giulia Kriegel hat Zootierpflegerin gelernt, bevor sie Forstwirtschaft studierte. Ihre Diplomarbeit schrieb sie über Herdenschutzmethoden in Europa, nicht gerade ein klassisches forstliches Thema. Aber es prädestinierte sie für ihren Posten. Der verlangt von ihr erhebliches diplomatisches Geschick. Die Almwirtschaft ist ein Kernelement des blau-weißen Lebensgefühls, ein alpenländisches Kulturgut, an dem sich kein bayerischer Politiker versündigen darf. Außerdem gilt die extensive Beweidung der Almen als Musterbeispiel einer Landnutzung, die der Artenvielfalt dient.

In diese oberbayerische Seelenlandschaft bricht plötzlich der Wolf ein, der Superstar des Artenschutzes, dem nicht nur bayerische Politiker huldigen müssen. Die Politik befindet sich also in einer Zwickmühle. Die bayerische Staatsregierung hat erst einmal einen »Alm-Aktionsplan Wolf« aufgestellt. Eine funktionierende Almwirtschaft sei ihr »auch aus ökologischen Gründen ein zentrales Anliegen«, heißt es da. Um die Gemüter zu beruhigen, werden üppige Hilfen und Ausgleichszahlungen in Aussicht gestellt. Die Bauern sollen Unterstützung für die Anschaffung von mobilen Zäunen oder Herdenschutzhunden erhalten. Für Herden, die wegen des Wolfsrisikos abgetrieben werden, sollen die zusätzlichen Futterkosten ersetzt werden. Bei gerissenen Tieren verspricht die Regierung den doppelten Marktwert als Entschädigung, und zwar auch dann, wenn nur der Verdacht besteht, dass ein Wolf der Übeltäter gewesen sein könnte.

Die Almbäuerin Regauer lacht über solche Versprechungen: »Das ist bei der EU doch noch gar nicht durch.« Giulia Kriegel muss nun erst einmal eine Bestandsaufnahme machen. Auf welchen Almen besteht die Möglichkeit, Schafe nachts einzustallen? Wo lässt das Gelände Zäunungen überhaupt zu? Wie ist es mit der Bereitschaft der Bauern bestellt, ihre Schafe und Ziegen zu größeren Herden zusammenzufassen, die dann von angestellten Schäfern gehütet werden könnten? Wolfsfreunde argumentieren, solch planmäßiges Hüten könne auch die ökologisch positiven Wirkungen der Schafweide steigern.

Die Schafe sind sozusagen das Salz in der Suppe der extensiven Almwirtschaft. Sie grasen auch dort, wo Kühe nicht mehr hingehen. Es gibt keine großen Schafherden in den bayerischen Alpen. Die Tiere verteilen sich in kleinen Gruppen und weiden frei.

So kommt es auch nicht zu konzentriertem Stickstoffeintrag an bestimmten Stellen. So soll es bei der extensiven Weide sein. Unter den Schafbesitzern sind viele Nebenerwerbslandwirte. Sie halten sich ein paar Tiere und treiben sie im Sommer auf die Alm, damit die Weiderechte, die in den Familien von Generation zu Generation vererbt werden, nicht verfallen. Wenn einer nur zehn Schafe hat, sagt Giulia Kriegel, dann gibt er jedem einen Namen. Der doppelte Marktwert ist dann nur eine materielle Entschädigung. Bisher ist die Bereitschaft der Bauern, neue Schutzmaßnahmen anzuwenden, noch nicht sehr ausgeprägt. Sie lassen ihre Schafe lieber im Tal. Für die wenigen Tiere lohnt der Aufwand nicht, sagen sie. Wenn aber der Wolf dauerhaft kommt, und damit wird gerechnet, dann ist es vorbei mit der freien Weide auf der Alm. »Wenn wir ein Rudel haben, ist es mit der Almwirtschaft überhaupt vorbei«, sagt Bäuerin Regauer. Wenn es so weit käme, müsste man fragen, ob der Wolf in bestimmten Gebieten, vor allem in solchen extensiver Weidewirtschaft, der Artenvielfalt insgesamt nicht abträglich ist. Diese Frage liegt nahe. Aber sie wird vom staatlichen Artenschutz und von Naturschutzverbänden nicht gestellt.

Einstweilen versucht die bayerische »Arbeitsgruppe Große Beutegreifer«, einen »Wolfsmanagementplan Stufe II« auszuarbeiten. Die geltende Stufe I ist nämlich nur für den Fall konzipiert, dass sich ein Wolf vorübergehend in Bayern aufhält – und nicht für die dauerhafte Anwesenheit des Raubtieres. Sollte es dann auch noch zu einer Rudelbildung kommen, müsste Stufe III gezündet werden. Aber dem bayerischen

Drei-Stufen-Wolfsmanagement fehlt es nach Auffassung mancher Wolfsfreunde an der entscheidenden politischen Zielvorgabe. Umweltminister Markus Söder erhielt Post von der umtriebigen »Gesellschaft zum Schutz der Wölfe«, einer Art Laienorganisation der naturschutzamtlichen Wolfskirche. Der Politik, hieß es in dem Brief, fehle es »seit dem Desaster, das die Horrorgeschichte des Braunbären Bruno in der politischen Landschaft hinterlassen hat, offensichtlich an Mut, die großen Beutegreifer als Symbol der Biodiversität und Bereicherung des gesamten Ökosystems willkommen zu heißen«.

Ulrich Wotschikowsky, Forstwirt und Wildbiologe, stammt aus der Lausitz. In Bayern wuchs er auf. Er hat einen großen Teil seines Lebens im Wald verbracht als Jäger und Forscher. Sein Geld verdient er als Berater für das, was man heute Wildtiermanagement nennt. Seit vielen Jahren lebt er in Oberammergau. Vom Typ her könnte er gut bei den Passionsspielen mitwirken. Er hat es aber noch nie getan. Er wäre, sagt er, mit dem Herzen nicht dabei. Wotschikowsky ist ein unruhiger, kritischer Geist, der keinem Streit aus dem Weg geht, wenn es um Hirsch oder Reh, Wolf oder Bär geht. Welche Auswirkungen haben die großen Beutegreifer auf den Wildbestand und die Jagd? Wenn es um diese Frage geht, kommt man an Wotschikowsky kaum vorbei. Er legt sich mit Jägern und Naturschützern gleichermaßen an, wenn er das Gefühl hat, Ideologien und Feindbilder würden in der Auseinandersetzung darüber die Oberhand gewinnen.

Politisch brisant ist die Frage, ob der Wolf in Sachsen dem Jagdrecht unterstellt werden soll. Wotschikowsky ist einer der Fachleute, die bei einer Anhörung des Sächsischen Landtags zu dieser Frage um ihre Stellungnahme gebeten wurden. Es geht nicht um eine Fachfrage des Artenschutzes, sondern um reine Politik, um Psychologie, um Propaganda. Der Wolf im Jagdrecht würde keinesfalls bedeuten, dass er tatsächlich bejagt werden dürfte. Sein Totalschutz nach dem Naturschutzrecht bliebe bestehen, und er erhielte, wie die meisten der auf der Liste des jagdbaren Wildes stehenden Arten, keine Jagdzeit, würde also das ganze Jahr von der Jagd verschont. Aber er käme in den Genuss der sogenannten Hegepflicht, die mit dem Jagdrecht verbunden ist. Die Jäger müssten sich um die Erhaltung der Wolfspopulation kümmern.

Diesen an sich bestechend einfachen Gedanken möchte der sächsische Umweltminister Frank Kupfer zur Befriedung des Wolfskonfliktes nutzen. In offiziellen Stellungnahmen hat der sächsische Landesjagdverband immer wieder versichert, dass er die Rückkehr des Wolfes akzeptiere. Wie weit diese politisch korrekte Verbandsposition auch von den Jägern mitgetragen wird, ist schwer zu sagen. Sie offenbaren nicht gern, was sie wirklich denken. In den ersten Wolfsjahren trat ein Verein »Sicherheit und Artenschutz« ziemlich aggressiv gegen den Wolf auf. Um ihn ist es still geworden. Kupfers Idee, die Jagdfunktionäre beim Wort zu nehmen und die Jägerschaft am Wolfsschutz zu beteiligen, erscheint auf den ersten Blick als kluger Schachzug. Der Minister hat allerdings dabei übersehen, dass es für die Naturschützer, insbesondere für den hier an vorderster Front kämpfenden Naturschutzbund Deutschland (Nabu), nicht um eine Frage pragmatischer Konfliktbewältigung geht, sondern ums Ganze. Der Wolf soll eine Bresche ins bestehende Jagdrecht schlagen, den Jägern sollen Kompetenzen genommen, nicht neue übertragen werden. Der Naturschutz, nicht die Jagd, soll letztlich die Hoheit in Wald und Flur haben. Deshalb darf es aus Sicht des Nabu keine jagdrechtliche Zuständigkeit für den Wolf geben. In diesem politischen Machtkampf geht es längst nicht mehr darum, was für den Wolf das Beste wäre.

Wotschikowsky glaubt nicht, dass die Jäger als Feindbild taugen. »Wenn die große Mehrheit der Jäger so wäre, wie manche Naturschützer ihnen unterstellen, hätten die Wölfe in der Lausitz keine Chance«, sagt er. Der Nabu, schreibt er in einem offenen Brief, »hat sich von der sachlichen Argumentation verabschiedet und verfällt zunehmend in reine Klientelpolitik. Diese Klientel sieht im Wolf eine Art Heiligtum, das unter keinen Umständen angerührt werden darf. Dabei scheint ihm jedes noch so abwegige Argument recht.« Der Verband führe entgegen seinen Lippenbekenntnissen, alle Interessengruppen in das Wolfsmanagement einbinden zu wollen, einen »Privatkrieg« gegen die Jäger und unterstelle ihnen andauernd, dass sie dem Wolf »sofort ans Leder« wollten.

Es sind allerdings nicht nur Naturschutzfunktionäre, die Zweifel an der Wolfstoleranz der Jägerschaft hegen. Franz Graf von Plettenberg, Leiter des Bundesforstamtes Lausitz und damit schon von Berufs wegen Jäger, stöhnt, wenn man ihn auf diese Frage anspricht. Hochintelligente Leute, sagt er, legten ihren ökologischen Verstand ab, wenn sie in den grünen

Rock schlüpften. Verstocktheit begegne ihm, wenn er auf den Versammlungen der Hegegemeinschaften über Wolf und Wild referiere. Mühselig sei die Überzeugungsarbeit und bisher noch nicht von wirklichem Erfolg gekrönt.

Was weiß man über die Auswirkungen der Wölfe auf den Wildbestand in der Lausitz? Ulrich Wotschikowsky ist dieser Frage im Auftrag des von den Biologinnen Gesa Kluth und Ilka Reinhardt gegründeten »Wildbiologischen Büros Lupus« nachgegangen. Die beiden »Lupinen«, wie sie in der Region und inzwischen darüber hinaus genannt werden, sind Schlüsselfiguren der jüngsten deutschen Wolfsgeschichte. In der Schorfheide nördlich von Berlin warteten sie Ende der 1990er-Jahre auf die Rückkehr der Wölfe nach Deutschland. Als die Wölfe sich einen anderen Weg suchten und sich in der sächsischen Lausitz niederließen, zogen die beiden mit Sack und Pack dorthin und gründeten ihr Unternehmen. An ihren Forschungsergebnissen und Empfehlungen orientiert sich das Wolfsmanagement überall in Deutschland.

Wo, wie in der Lausitz, viel Schalenwild vorkommt, ernährt sich der Wolf fast ausschließlich davon. Man sollte annehmen, dass er dadurch den Ertrag menschlicher Jagd empfindlich schmälert. Dem ist aber bisher in der Lausitz nicht so. Stellt man die Entwicklung der Jagdstrecken im gesamten Bundesland Sachsen und im Wolfsgebiet in Kurven dar, sieht man, dass sich die Linien weitgehend parallel bewegen. Auch dort, wo der Wolf jagt, gab es wie überall seit der Jahrtausendwende eine Explosion der Schwarzwildbestände, bedingt durch milde Winter, hohes Nahrungsangebot im Wald und vermehrten Maisanbau im Feld. Der witterungsbedingte Einbruch nach dem Winter 2006/07 zeichnet sich im Wolfsgebiet ebenso ab wie im gesamten Land. Ähnlich sieht es bei Reh- und Rotwild aus. Beim Rotwild stieg die Jagdstrecke in der Lausitz bis 2006 sogar deutlich, während sie im Freistaat insgesamt leicht sank.

Die Zusammensetzung der Wolfsnahrung wurde, wie schon gesagt, am Naturkundemuseum in Görlitz untersucht. Wotschikowsky hat diese Anteile von Reh-, Rot- und Schwarzwild in Beziehung gesetzt zum Durchschnittsgewicht dieser Tierarten und zum täglichen Nahrungsbedarf eines Wolfes. Unter der – großzügigen – Annahme, dass ein Wolf etwa 1500 Kilogramm tierischer Biomasse im Jahr verzehrt, bedeutet das für die Lausitz, dass er jährlich 62 Rehe, 14 Wildschweine und neun Stück Rotwild reißt. Ein Rudel aus Elternpaar, Jährlingen und heranwachsenden Welpen kommt auf etwa 500 Stück Schalenwild im Jahr – in einem Streifgebiet, das etwa 250 bis 300 Quadratkilometer, also 25 000 bis 30 000 Hektar groß ist. Auf einer solchen Fläche, sie macht etwa 50 bis 60 durchschnittliche Jagdreviere aus, erlegen menschliche Jäger in der wildreichen Lausitz etwa zehnmal so viel Wild. Es gibt also bislang keine Anhaltspunkte dafür, dass der Wolf die Jagd wesentlich beeinträchtigt oder gar, wovon Wolfsromantiker träumen, den Jäger mit der Büchse ersetzen könnte.

Mit Zukunftsprognosen ist Wotschikowsky allerdings vorsichtig. Die Faktenbasis seiner Schätzungen ist dünn und zu komplex die Beziehung zwischen Beutegreifern und Beutetieren. Die aus der Sicht der

Jäger bislang relativ günstige Entwicklung kann darauf zurückzuführen sein, dass die Jagd bisher den tatsächlichen jährlichen Zuwachs der Schalenwildbestände nicht abgeschöpft hat, also Reserven in der Population stecken. Sind die aufgebraucht, könnte sich der Teil, den sich der Wolf holt, drastischer auf das auswirken, was dem Jäger bleibt. Beim Reh, der Hauptnahrung des Wolfes, müssen die Jäger jetzt schon empfindliche Einbußen hinnehmen. Jagd ist in der Lausitz nicht in erster Linie ein teures, prestigeträchtiges Hobby, bei dem die Ausgaben in keinem Verhältnis zu den Einnahmen stehen. Die Pachtpreise sind niedrig. Sie liegen bei 1,50 bis 4 Euro pro Hektar. In Westdeutschland zahlt man für entsprechende Reviere leicht das Zehnfache. Jäger pachten in der Lausitz ein Revier auch wegen der Aussicht, damit einen kleinen Nebenverdienst aus dem Verkauf von Wildbret zu erwirtschaften. Wenn einer dann nur noch halb so viele Rehe als Weihnachtsbraten verkaufen kann, dann ist das eine spürbare finanzielle Einbuße. Die Skepsis gegenüber dem Wolf speist sich also nicht nur aus Statusdenken – der Jagdherr will keinen tierischen Jäger neben sich dulden –, sondern auch aus wirtschaftlichem Kalkül. Von diesem Standpunkt aus betrachtet sind Schäden durch den Wolf nichts prinzipiell anderes als die Schäden, die das Schwarzwild auf den Feldern oder Reh und Hirsch in den Forsten anrichten. Jagd ist neben allem anderen eben auch eine wirtschaftliche Unternehmung. Schäden an Feld oder Vieh, an Eigentum also, können allerdings ersetzt werden. Das Wild ist »herrenloses Gut«, solange der Jäger es nicht erlegt hat. Er hat keinen Anspruch auf

Ersatz, wenn es seltener wird. Das ist der Lauf der Natur.

Beim Wolf gilt, dass der Natur ihr Lauf gelassen werden muss. Sein Schutzstatus verbietet es, ihn zu »steuern«, ihn aus bestimmten Gebieten herauszuhalten und »Wolfsgebiete« auszuweisen, wie es etwa auch Rotwildgebiete gibt. Umso wichtiger ist es, abzuschätzen, wohin der Wolf läuft, wie seine Verbreitungswege sind. Das ist eine der Forschungsaufgaben, an denen das Büro Lupus im Auftrag des Bundesamtes für Naturschutz arbeitet. Die Arbeit ist mühsam. Man muss Wölfe einfangen, um sie mit Sendern zu versehen, was einfacher gesagt als getan ist. Dann müssen die Sender auch so funktionieren, wie sie sollen, und es ist von Vorteil, wenn sie nicht an einem Wolf hängen, der überfahren am Straßenrand liegt. Die bisher gesammelten Daten sind noch spärlich. Immerhin konnten die beiden Wolfsforscherinnen aus Spreewitz zwei Beispiele extrem unterschiedlichen Wanderverhaltens dokumentieren. Ein Sohn von Einauge aus Nochten zog bis nach Weißrussland. Ein anderer blieb in unmittelbarer Nachbarschaft von Mama.

Ein dichteres Bild der Wolfsbewegungen sollen 500 Kotproben liefern, die gekühlt der genetischen Analyse harren. Das Senckenberg-Institut im hessischen Gelnhausen hat dafür den Auftrag bekommen. Aus dem Kot soll herausgelesen werden, wie die Wölfe in Deutschland miteinander verwandt sind, ob die Zuwanderer etwa in Niedersachsen oder Hessen tatsächlich von Wölfen der Lausitz abstammen oder direkt aus Polen gekommen sind. Wenn alle mitmachen, sagt Ilka Reinhardt, wenn alle Bundesländer ihre Wolfsfunde nach Gelnhausen schicken, dann könnte so etwas wie eine genetische Wolfskarte Deutschlands erarbeitet werden.

Deutschland, einig Wolfsland. In Sachsen, Brandenburg und Sachsen-Anhalt ist ihre dauerhafte Anwesenheit Realität. In Mecklenburg-Vorpommern, Niedersachsen, Schleswig-Holstein und Thüringen rechnet man damit, dass aus Einzeltieren Paare und Rudel werden. Die entsprechenden Managementpläne jedenfalls sind schon geschrieben. In den Westen Deutschlands könnten Wölfe der italienisch-französischen Population über die Alpen und die Vogesen einwandern. In Einzelfällen ist auch das schon geschehen. Deutschland würde zur europäischen Wolfsdrehscheibe. Seine Mittellage ist nun einmal sein Schicksal.

Die Rückkehr der Wölfe ist ein leises und doch spektakuläres Naturereignis. Wer hätte damit gerechnet, dass am Beginn des 21. Jahrhunderts der Wolf in Europa so viel Aufmerksamkeit für sich beanspruchen kann? Eigentlich steht die Epoche doch im Zeichen der rasenden Beschleunigung und Verdichtung von Verkehr und Kommunikation, der Urbanisierung, der technologischen Umwälzung. Die Menschen erleben oder erleiden einen nie dagewesenen Modernisierungsschub. Und in diesem Moment beginnen die Wölfe wieder zu heulen? Manche verstört das. Viele aber fühlen sich getröstet. Sie lesen die Rückkehr der Wölfe als Zeichen dafür, dass die Natur dem Menschen nicht auf Dauer verübelt, was er ihr angetan hat: der Wolf als eine Art Absolution auf vier Pfoten.

Man kann es auch nüchterner sehen: Er nutzt seine Chancen, seit er nicht mehr verfolgt wird. Als Lebensraum braucht er nicht die entlegene Wildnis. Im Gegenteil: Sein Erfolg in der Evolution beruht auf seiner Anpassungsfähigkeit. Er ist ein Generalist und damit der Gegentyp zum traurigen Panda, der ohne seine Bambussprossen nicht sein kann. Wenn die Jäger, von denen alles abhängt, mitspielen, wird er sich weiter verbreiten. Die Begegnung mit einem Wolf wird für den normalen Wanderer und Spaziergänger zwar die absolute Ausnahme sein. Aber für den Fall der Fälle wird er eines der unzähligen Wolfsfaltblätter im Gepäck haben, in denen steht, dass Wölfe dem Menschen in der Regel aus dem Weg gehen. Hält der Wolf es einmal anders, soll man laut sprechen und keinesfalls davonlaufen. Folgt der Wolf dem Spaziergänger wider Erwarten, ist er von diesem anzuschreien, gegebenenfalls mit Gegenständen zu bewerfen. Spätestens dann wird er sich verziehen. Nein, Angst muss wirklich niemand mehr vor dem bösen Wolf haben.

An Einauge geht der Rummel um die Wölfe völlig vorbei. Ihr Humpeln ist stärker geworden. Sie hat Schmerzen. Es fällt ihr schwer, genügend Fraß für die Welpen herbeizuschaffen. Vielleicht erlebt sie ihren letzten Sommer. Das wäre dann ein langes Wolfsleben gewesen, in Deutschland begonnen und in Deutschland beendet. Niemand kann ihr das Heimatrecht absprechen.

DER HASE UND DAS REBHUHN

Es war Samstagnachmittag, und es gab Streuselkuchen. Der Höhepunkt des Tages aber stand noch bevor. Als es dunkel wurde, warf ich mir einen alten Kartoffelsack über die Schulter und ging zur Schule. Unter den alten Lindenbäumen des Schulhofs hatten sich schon andere Leute eingefunden, auch mit Kartoffelsäcken. Sie warteten auf die Rückkehr der Jäger. Endlich kamen sie. Zuerst war der Hufschlag des schweren Rheinischen Kaltbluts zu hören. Es zog den Leiterwagen. Auf Querbalken hingen, paarweise an den Hinterläufen zusammengebunden, die Hasen. Zweihundert waren es bestimmt. Und ebenso viele hatte der Wildhändler gleich am Mittag schon abgeholt. So ging das immer, wenn Treibjagd war im Spätherbst, nach der Kartoffel- und Rübenernte. Ich war noch zu klein, um als Treiber mitzugehen. Aber zwei Hasen kaufen gehen, das durfte ich.

»Die Jäger im Schnee« – das ist der Titel eines Gemäldes von Pieter Brueghel d. Ä. aus dem Jahr 1565. Die Jäger mit ihren langen Lanzen und ihren erschöpften Hunden sind auf einem Hügel angekommen, im Tal liegt das Dorf, auf den Teichen sieht man Schlittschuhfahrer. Die Landschaft ist tief verschneit, im Bildhintergrund recken sich eisige Felsspitzen in den Himmel. Die Jagd war nicht gerade erfolgreich.

Junger Schlepper

Einen einzigen mageren Hasen trägt einer der Jäger auf dem Rücken. Vielleicht müssen sie sich manchen Spott anhören, wenn sie unten im Dorfgewimmel angekommen sind. Vielleicht herrscht aber auch betretenes Schweigen, weil der ärmliche Hase zeigt, wie wenig freigiebig die Natur ist in diesen winterlichen Zeiten. Die Jäger auf Brueghels Bild sind keine Herren. Sie gehen zu Fuß und tragen bäuerliche Tracht. Sie waren auf den Feldern, um zu ernten, was es im Winter dort noch zu ernten gibt: Hasen. Diesmal ist es bei einem einzigen Hasen geblieben.

Zu Hause im Hessischen Ried gab es 400 Jahre später, Anfang der 60er-Jahre des vorigen Jahrhunderts, so viele Hasen wie Kartoffeln. Am Tag der Treibjagd knallte es von morgens bis abends. Die Jäger kehrten im Triumphzug zurück, viele Landwirte darunter, der Arzt, der Tierarzt, der Zahnarzt, Lehrer, Handwerker, Kleinunternehmer des noch frischen Wirtschaftswunders. Wer von den Bauern keine Flinte trug, ging als Treiber mit. Ich saugte als Kind die Gerüche herbstlicher Jagd auf wie ein junger Hund, ein Aroma aus fetter Ackererde und fauligem Rübenkraut, Schießpulver und nassen Hunden – und Hasen, Hasen, Hasen. Ich zwängte mich zwischen den Jägern, Treibern und Hunden hindurch, um beim Streckelegen ganz vorne dabei zu sein. Eine große Zeremonie mit Fackeln und Hörnern wurde damals daraus noch nicht gemacht.

Waren die Hasen erst einmal vom Wagen geladen und auf dem Boden in Reihen angeordnet, ging das Aussuchen auch schon los. Jeder Treiber durfte einen mitnehmen als Lohn. Der Obertreiber kümmerte sich um die Wünsche der Kunden. Jeder wollte natürlich einen jungen, einen zarten Hasen. Das Alter wurde an den Ohren, den Löffeln, getestet. Junge Hasen, so hieß es, hätten weiche Ohren, die leicht einzureißen seien. Später lernte ich, dass das kein zuverlässiges Zeichen ist. Einen jungen Hasen kann man an den Vorderläufen erkennen. An deren Innenseite ist bei bis zu einjährigen Tieren eine knorpelige Verdickung zu ertasten, das Stroh'sche Zeichen. Die Bauern aber schworen auf den Löffeltest. Und so bekam ich dann von dem mir wohlgesinnten Obertreiber zwei Hasen mit eingerissenen Ohren ausgehändigt. Ich stopfte sie in meinen Kartoffelsack. An den sieben oder acht Kilo hatte ich als kleiner Bub schwer zu schleppen. Doch die Last beflügelte mich. Fast schon fühlte ich mich als heimkehrender Jäger. Das Aroma der Jagd hat mich nie wieder losgelassen. Und Jagd bedeutete Hasenjagd.

Heute ist das anders. Deshalb komme ich auch so spät erst auf den Hasen zu sprechen. Mancher Jäger wird mir vorwerfen, ich würde dem Hasen als Stellvertreter des gesamten Niederwildes nicht den nötigen Respekt erweisen und sei auf das Schalenwild, auf Hirsch, Sau und Reh, fixiert, auf Huftiere, die man mit der Kugel erlegt und nach dem Jagdgesetz nur mit der Kugel erlegen darf. An diesem Vorwurf ist etwas dran. Doch leben wir nun einmal jagdgeschichtlich in einer Schalenwildepoche. Unsere Groß- und Urgroßväter hätten sich nicht träumen lassen, welchen Aufschwung diese Wildarten erleben würden. Mein Großvater hat in seinem Jägerleben kein einziges Wildschwein geschossen, aber wohl Hunderte von Hasen und Rebhühnern, ich noch kein einziges Rebhuhn und sicher weniger Hasen als Wildschweine und viel weniger Hasen als Rehe. Die Zeiten haben sich geändert. Wir jagen heute hauptsächlich Wild, das unseren Vorfahren selten zur Beute wurde. Einen bloßen Niedergang vermag ich darin nicht zu erkennen. Wie hätte ich meinem Buch sonst den Titel *Jagdlust* geben können?

Das bedeutet nicht, dass mir Hase und Rebhuhn oder auch Fasan und Kaninchen nicht am Herzen liegen. Außer dem Rebhuhn, das ein wirkliches Sorgenkind ist, kann ich diesem Wild in meinem südhessischen Revier immer noch in bescheidenem Umfang nachstellen. Aber die großen Zeiten, in denen die Leiterwagen nach der Treibjagd überquollen, die sind vorbei. Dafür gibt es vielfältige Gründe. Die wichtigsten sind wohl die Intensivierung und die Beschleunigung der Landwirtschaft. Hase und Rebhuhn wanderten als Steppentiere erst nach Mitteleuropa ein, als dort der Wald weithin gerodet und der Boden unter den Pflug genommen worden war. Bis in die Mitte des vorigen Jahrhunderts ging es in dieser bäuerlichen Kulturlandschaft gemächlich zu. Die Bestellung der Felder und die Ernte dauerten Wochen. Das Wild hatte Zeit, sich auf saisonale Veränderungen seines Lebensraumes einzustellen. Auf Brachen, an Wegrändern und Gräben, in Hecken und Remisen fand es Äsung und Deckung. Heute schaffen Maschinen in Stunden, wofür früher tagelange Schufterei nötig war. Die Landschaft ist den Maschinen angepasst. Was ihren Einsatz stört, verschwindet. Es ist immer dasselbe: Im Frühjahr keimt die Hoffnung, überall sitzen Hasen auf der frischen Saat. Im Herbst, nach mehrfachem Spritzen mit Herbiziden und Insektiziden, nach mehreren Güllegaben und nach der Ernte, sind sie zum großen Teil verschwunden.

Man weiß ziemlich genau, was Hase und Rebhuhn brauchen und was ihnen schadet. Jäger investieren viel Zeit in sogenannte Lebensraumverbesserung, legen Feldgehölze an, pachten Flächen als Wildäcker, überzeugen die Landwirte davon, nicht auch noch den letzten Zentimeter am Rand von Wirtschaftswegen umzupflügen. Blühstreifen, welche die Artenvielfalt an Pflanzen, Insekten und Vögeln in der Feldflur vergrößern sollen, werden öffentlich gefördert. In den riesigen Maisschlägen werden Schussschneisen angelegt, um an die Wildschweine heranzukommen. Die Kräuter, die dort wachsen, dienen dem Niederwild als Nahrung und Deckung. Man kann mit solchen Maßnahmen punktuell einiges bewirken. Immerhin scheint sich die Hasenstrecke in Deutschland bei knapp einer halben Million zu stabilisieren. Sie ist regional allerdings sehr ungleich verteilt. In Brandenburg und Mecklenburg-Vorpommern, den klassischen Ländern großflächiger Landwirtschaft, zählt sie nach Hunderten, in Bayern, Nordrhein-Westfalen und Niedersachen übersteigt sie die Hunderttausendermarke.

Das Rebhuhn dagegen spielt nirgendwo mehr eine jagdliche Rolle. Dass 2009/10 nur noch 6700 Rebhühner geschossen wurden, zeigt vor allem, dass die Jäger die Hühnerjagd praktisch aufgegeben haben. Neben der Treibjagd auf Hasen war sie lange Zeit der Inbegriff bäuerlicher und bürgerlicher Jagd. Man traf sich am Sonntagnachmittag und streifte mit Vorstehhunden über die Rübenfelder. Dort sitzen die Rebhühner im Herbst am liebsten. Die Freude an der Arbeit der Hunde, die weiträumig vor den Jägern suchen und aus der Bewegung heraus erstarren, wenn sie frische Wildwitterung in die Nase bekommen, war ebenso wichtig wie die schmackhafte Beute, die ihren Weg regelmäßig auf die Speisekarten der Landgasthäuser fand.

Auch in Heiner Sindels Gasthaus im fränkischen Feuchtwangen gab es im Herbst Rebhühner. Anfang der 1980er-Jahre verschwanden sie. Immer mehr Bauern gaben auf und mit ihnen offenbar die Hühner. Je weniger Bauern immer größere Flächen bestellen, desto weniger Rebhühner gibt es. Das hängt mit dem Verlust an kleinräumigen Strukturen in der Landschaft zusammen. Für die Hasen gilt im Prinzip dasselbe. Nur ist der Effekt wegen der sprichwörtlichen Fortpflanzungsfreude von *Lepus europaeus* nicht ganz so dramatisch. Auch dort, wo es eigentlich gar keine Hasen mehr geben dürfte, sind immer noch ein paar übrig.

Heiner Sindel ist Gastwirt, Teichwirt – Feuchtwangen liegt mitten im fränkischen Karpfenland – und Jäger. Als die Rebhühner verschwanden, wurde er zum Aktivisten. Ein »Rebhuhnprogramm Artenreiche Flur«, das die Bemühungen von Jägern, Naturschützern, Landwirten, Wissenschaftlern und Kommunalpolitikern um die rebhuhngerechte Verbesserung der Lebensräume bündelte, sollte die Wende bringen. Den Hühnern half es nicht. Aber es erweiterte den Blick der Beteiligten. Aus dem Rebhuhnschutzprogramm ist nach 25 Jahren ein bundesweites Netzwerk von Regionalinitiativen geworden, die sich gegen die ökologische, wirtschaftliche und kulturelle Verarmung des ländlichen Raumes stemmen. Als »Bundesverband der Regionalbewegung in Deutschland« hat es sich inzwischen auch eine für die Lobby-Arbeit taugliche organisatorische Form gegeben. Denn es verschwinden ja nicht nur die Rebhühner, sondern auch die Wirtshäuser, die Handwerksbetriebe, die Einzelhandelsgeschäfte, die Dorfschulen, die Landärzte und vieles mehr. Das Rebhuhn ist zum Symbol für den Niedergang, aber auch für das beginnende Wiedererwachen der Dörfer geworden.

Einmal im Jahr, im Spätherbst, wenn die Teiche abgefischt werden, fahre ich nach Feuchtwangen. In Sindels Gasthaus sitzt abends eine bunte Truppe aus Jägern, Förstern, Journalisten, Krimiautoren, Wildbiologen und eingeschworenen Liebhabern regionaler Küche zusammen. Wir essen gebackene Karpfen, trinken fränkisches Bier und reden uns die Köpfe heiß über das Dorf und die Stadt, die Globalisierung und das gute Leben. Am nächsten Morgen gehen wir auf die Jagd. Rebhühner sind natürlich tabu. Doch die Teichlandschaft hat anderes zu bieten – in herrlicher Fülle. Wir treiben die Enten, die zu Hunderten im Schilf liegen. Die Stockente, Stammform der Hausente und in jedem Stadtpark heimisch, steht als anpassungsfähige Allerweltsart dafür, dass die Jäger auch heute und in Zukunft die Schrotflinte nicht im Schrank lassen müssen. Sie ist nicht allein. Graugans, Saatgans und Kanadagans haben einen erstaunlichen Aufschwung genommen und sind inzwischen fast überall in Deutschland heimisch oder tauchen zur Zugzeit auch dort auf, wo man bis vor einigen Jahren noch gar nicht wusste, wie eine Wildgans aussieht.

Die Nilgans, zoologisch eigentlich eine Ente, stammt aus Afrika. Sie war ein beliebtes Parkgeflügel. Heute ist sie ein häufiges, weitverbreitetes Wild, das in den Bundesländern nach und nach in den Katalog der jagdbaren Arten aufgenommen wird. Über Tauben müsste man noch reden, Ringeltauben, die zuweilen in riesigen Schwärmen über das Land ziehen. Doch das würde zu weit führen. Ich möchte nur dem Eindruck entgegenwirken, es gäbe außer Reh, Hirsch und Sau nichts zu jagen. Mir jedenfalls geht es so, dass ich die Möglichkeiten, die sich bieten, bei Weitem nicht alle nutzen kann.

In meinem Dorf halten wir an der Tradition der jährlichen Hasenjagd fest. Sie findet allerdings nur statt, wenn wir vorher genügend Hasen gezählt haben. Das geschieht nachts. Wir fahren mit dem Auto immer dieselbe Teststrecke ab. Einer fährt, einer leuchtet mit einem starken Scheinwerfer die Felder ab, einer führt eine Strichliste. Das muss spät im Jahr geschehen, wenn die Äcker kahl sind oder die Wintersaat gerade aufgelaufen ist. Vor allem auf diesen Saatschlägen sind die Hasen nachts unterwegs. Wenn wir auf der Strecke mindestens 25 Hasen zählen, kann die Jagd stattfinden. Wir bejagen in jedem Jahr höchstens die Hälfte des Reviers. In der anderen Hälfte haben die Hasen ihre Ruhe.

Bei einem Kesseltreiben müssen alle Beteiligten wissen, worauf es ankommt. Früher konnte man das voraussetzen. Die Treiber lernten ihr Geschäft von Kindesbeinen an und sammelten Erfahrungen auf vielen Jagden. Meist waren es Bauern oder auch Industriearbeiter, die ein Stück Land bewirtschafteten. Sie kannten das Revier besser als die eingeladenen Jäger und wussten, wo die Hasen liegen. Die Jäger waren zumeist sichere Flintenschützen. Der Schrotschuss auf sich bewegende Ziele wie Hasen, Hühner oder Fasane war ihr jagdlicher Alltag, der Kugelschuss aus der Büchse auf den Rehbock oder das Wildschwein die Ausnahme. Heute kann man das alles nicht mehr voraussetzen. Umso wichtiger ist es, dass die alten Hasen, die es noch gibt, ihre Erfahrungen weitergeben. Es ist schön, dass sich zur Treibjagd Jahr für Jahr immer dieselben langsam verwitternden Gesichter einfinden. Und es lässt aufatmen, dass jedes Jahr doch auch wieder Junge dabei sind, die so eine Jagd einmal mitmachen wollen. Manchmal lade ich Kollegen der schreibenden Zunft ein. Auch berühmte Karikaturisten haben sich als Treiber schon durch dichte Schilfverhaue gekämpft. Und alle sind beeindruckt von der fast schon exotischen Bodenständigkeit des Ereignisses Treibjagd.

Bevor das Kesseltreiben beginnen kann, muss der Kessel erst einmal ausgelaufen werden. Vom Sammelpunkt aus werden zwei große Halbkreise gebildet, die sich fern am Horizont zu einem Kreis von etwa einem Kilometer Durchmesser verbinden. Es gehen abwechselnd Jäger und Treiber. Der Jagdleiter, der die Leute losschickt, muss darauf achten, dass die Hunde ungefähr gleichmäßig verteilt sind, damit angeschossenes Wild sofort gesucht werden kann. Dasselbe gilt für die Jagdhörner, die bei dieser Jagdart nicht nur von folkloristischer Bedeutung sind.

Ist der Kessel geschlossen, gehen alle auf dessen Mittelpunkt zu. Die Treiber rufen »Hopp, hopp!«, hauen mit Stecken auf den Boden und geben alle nur denkbaren Geräusche von sich. Wichtig ist es, keine großen Lücken aufreißen zu lassen und Einbuchtungen, sogenannte Säcke, zu vermeiden. Denn die Hasen finden jeden Ausweg und scheinen ein Gespür dafür zu haben, wo wegen gegenseitiger Gefährdung der Jäger nicht geschossen werden kann. Die Alten erzählen, die Kessel hätten früher nach dem Anblasen zu kochen begonnen. 50, 60 Hasen seien in einem Treiben zur Strecke gekommen. Wenn es heute fünf oder zehn sind – und mindestens ebenso viele entkommen – sind wir sehr zufrieden. Bei vier oder fünf Treiben kommt so doch eine ansehnliche Strecke zusammen.

Ist der Kessel so eng geworden, dass in ihn ohne Gefährdung der Treiber und Jäger nicht mehr hineingeschossen werden kann, wird das Signal »Treiber rein« geblasen. Die Jäger bleiben stehen, die Treiber bewegen sich zum Kesselmittelpunkt. Geschossen werden darf nur noch nach außen. Die Schützen müssen die Hasen also erst zwischen sich hindurchpassieren lassen, bevor sie schießen. Sind die Treiber in der Mitte alle versammelt, wird abgeblasen. »Hahn in Ruh« heißt das Signal. Es bedeutet nicht, dass die Hähne – etwa Fasanen- oder Auerhähne – in Ruhe gelassen, sondern dass die Flinten entladen und aufgeklappt werden müssen. In schießtechnisch älterer Zeit hieß das, die Hähne entspannen, sie in Ruhestellung bringen. Als letztes Treiben folgt das Schüsseltreiben. Davon wird noch die Rede sein.

Manchmal liegen nach der Hasenjagd auch einige Füchse auf der Strecke. Dann ist die Freude besonders groß. Im Spätherbst tragen die Füchse einen wunderschönen dichten Balg, für den man früher gute Preise erzielen konnte. Heute besinnen sich das Kürschnerhandwerk und die Kunden erst langsam wieder auf heimisches Pelzwerk, von dem man als Mindestes sagen muss, dass es nicht auf tierquälerische Weise in Pelztierfarmen gewonnen wurde. Ich fürchte aber, dass die meisten erlegten Füchse nicht als Kragen oder warmes Mantelfutter einer sinnvollen Verwendung zugeführt, sondern vergraben werden. Und ich weiß, dass nicht der Balg das Hauptmotiv der Jäger ist, sondern der Hase. Ein toter Fuchs frisst keine Hasen mehr. Damit stecken wir wieder in einem komplizierten moralischen und ökologischen Problem.

Der Landwirt, der Kartoffeln, Rüben oder Getreide ernten will, muss Schädlinge bekämpfen. Er tut das auf die konventionelle oder die ökologische Weise, er tut es aber auf jeden Fall. Darf der Jäger, der Hasen ernten will, dasselbe tun? Darf er deren Fressfeinde dezimieren, um selbst mehr Beute machen zu können? Lässt sich dieses landwirtschaftliche Denken auf die Jagd übertragen? Der rechtliche Unterschied, dass die Feldfrüchte von Anfang an dem Bauern gehören, sein Eigentum sind, während die Hasen als »herrenloses Gut« niemandem gehören, solange der Jäger sie nicht erlegt hat, weist schon darauf hin, dass es hier mit den Analogien bald ein Ende haben kann.

Für den noch bäuerlich denkenden Jäger ist die Sache klar. Er betrachtet den Hasen ebenso als Bodenfrucht wie die Kartoffel. Früher ordnete man den Hasen dem »Nutzwild« zu. Der königlich-bayerische Forstmeister Carl Emil Diezel schrieb in seinem bis heute immer wieder neu aufgelegten Standardwerk

Diezels Niederjagd, dass Hasen – und Rebhühner – wesentlich zur »Wirtschaftlichkeit« der Jagd beitrügen. Was sein Gedeihen behindert, wird also bekämpft – wobei wir schon an den ersten Widerspruch geraten, weil heute die Landwirtschaft selbst neben dem Wetter und Wildseuchen der mächtigste das Wohlergehen des Hasen beeinträchtigende Faktor ist. Hasenfreundlich seine Felder zu bestellen wäre also das Beste, was der Bauernjäger für den Hasen tun kann. Es stellt sich allerdings die Frage, ob ihm die Hasen die damit verbundenen Ertragseinbußen wert wären.

Den Fressfeinden des Hasen nachzustellen hat immer etwas von einer Ersatzhandlung. Eine spürbare Wirkung erzielt man mit der Jagd auf Raubwild nur, wenn die Hasenpopulation – dasselbe gilt für Rebhühner oder Fasanen – unter so schlechten Allgemeinbedingungen existiert, dass die Reduzierung des Beutegreiferdrucks wie Sauerstoffzufuhr bei Herz- und Kreislaufkranken wirkt. Dann allerdings kann sie den Zusammenbruch verhindern. Jedenfalls erscheint mir diese These plausibel. Es würde den Rahmen dieses Buches sprengen, wollte ich hier die wuchernde wissenschaftliche Debatte über den Einfluss der Jagd auf das Verhältnis Beutegreifer–Beute referieren. Dafür, dass die Raubwildbejagung als Hegemaßnahme für das Niederwild wirkungslos ist, lassen sich ebenso empirische Studien anführen wie für das Gegenteil. Es kommt sehr darauf an, wer der Auftraggeber dieser Arbeiten ist. Angenommen aber, die Raubwildjagd kann überhaupt dem Hasen und dem Rebhuhn und ihren Niederwild-Leidensgenossen nützen, dann genügt es sicherlich nicht, nur gelegentlich einen Fuchs zu schießen. Man muss jeden Bau ausgraben, Fallen stellen, Luderplätze und Mäuseburgen anlegen, um die Füchse anzulocken und vor die Flinte zu bekommen. So etwas wird leicht zu einem Full-Time-Job.

Und es sind ja nicht nur Füchse, denen der Hase schmeckt – übrigens nur als seltener Festtagsbraten, das Alltagsessen des Fuchses besteht aus Mäusen, Würmern, Käfern, Beeren, Abfällen und so weiter, er ist ein Generalist. Auch den Krähen und den Elstern, die in den meisten Bundesländern gejagt werden dürfen, und den Greifvögeln wie Habicht und Bussard, die überall total geschützt sind, fällt mancher Junghase zum Opfer. Wo beginnen, wo aufhören? Mit verbissenem Eifer widmen sich manche Jäger der Raubwildbekämpfung – und können doch die mit Hasen und Rebhühnern gesegneten alten Zeiten nicht zurückholen. In jüngster Zeit ist es in Mode gekommen, regelrechte Massaker unter den Rabenkrähen anzurichten. Tarnkleidung und Lockvögel aus Plastik kommen dabei zum Einsatz. Es werden Lehrgänge für die Krähenjagd angeboten, Übungswochenenden, aus denen die Teilnehmer dann im schlimmsten Fall mit der Illusion in ihre Reviere heimkehren, nun den Schlüssel zur Überwindung der »Niederwildmisere« in der Hand zu haben. Was machen sie, wenn sie ein Dutzend oder auch fünf Dutzend schwarze Vögel erbeutet haben? Auf den Hasenbesatz hat das keinen messbaren Einfluss. Kochen sie eine schmackhafte Krähensuppe? Nein, sie verfüttern sie an die Wildschweine, was ein kompletter Unsinn ist. Und es bleibt der Verdacht, dass die armen Krähen am Ende doch nur für ein Schießvergnügen herhalten müssen.

Es ist wahr: Die Möglichkeiten der Jäger, dem unter ökologischem Druck stehenden Niederwild und damit auch vielen Arten zu helfen, die gar nicht gejagt werden, sind begrenzt. Eine davon ist die Dezimierung des Raubwildes. Niemand anders kann und darf das. Doch das fördert einen Tunnelblick, eine böse Fixierung auf diese »Schädlinge«. Dass es in der Regel nur bei martialischen Worten bleibt und die »konsequente Raubwildbejagung« in den meisten Revieren graue Theorie bleibt – die Wildschweinjagd fordert den Jägern wegen des finanziellen Risikos der Wildschäden am Ende doch viel mehr Zeit und Einsatz ab –, ist ein schwacher Trost. Es ist die Mentalität der Füchse und Krähen vernichtenden Hasenretter, welche die Jagd vergiftet. Sie ist jener der den Wald rettenden Rehvernichter eng verwandt.

Sich als Superregulator am Mischpult der Natur zu fühlen, ist die moderne Form jägerischen Größenwahns. Von diesem Ross sollten Jagd und Jäger so schnell wie möglich herunter. Den Fuchs oder den Marder des Balges wegen zu erbeuten, das ist eine klare, anständige Sache. Irgendwelche Hintergedanken, die mit ökologischem Gleichgewicht und solchen Dingen zu tun haben, sollten dabei nicht im Spiel sein. Jedoch sind die Jäger nicht allein auf der Welt. Und so sehr sie oft angefeindet werden, so erwartet die Gesellschaft dann doch, dass sie Ordnung schaffen, wo etwas unordentlich zu sein scheint. Wenn die Füchse die Zuchtanlage des Geflügelvereins ins Visier nehmen, wird nach dem Jäger gerufen. Wenn die Tollwut wieder einmal aufflackert, ist er als Vollzugsorgan der Veterinärbehörde verpflichtet, jeden Fuchs zu töten, dessen er habhaft werden kann. Wenn die Rabenkrähen sich nicht über Rebhuhnküken, sondern über die Erdbeerfelder eines Landwirts hermachen, dann müssen einige schwarze Gesellen fallen, damit sie als Vogelscheuche am Galgen die Artgenossen abschrecken. Warum auch sollten Krähen anders behandelt werden als Wildschweine, die sich an Feldfrüchten vergehen, oder als Rehe, die Baumbabys zerknabbern? Hier tut sich gleich eine ganze Kaskade an Widersprüchen auf, in denen sich auch der Jäger verheddert, der nur treu und brav seinen Braten oder seinen Pelz aus der Natur holen möchte.

Um ihn herum ist Geschrei. Die Hardliner unter den Jägern rufen zum Krieg gegen das Raubwild. Die radikalen Förster vom Ökologischen Jagdverband machen gegen Hirsch und Reh mobil. Alle streiten für höhere Ziele, das ökologische Gleichgewicht, den naturnahen Wald. »Nur ein toter Fuchs ist ein guter Fuchs«, sagen die einen. »Nur ein totes Reh ist ein gutes Reh«, meinen die anderen. Oder genauer: Sie werfen sich gegenseitig vor, genau so zu denken. Die Naturschutzverbände und die Grünen stehen eher auf der Seite der Öko-Förster. Je grünlicher das Milieu wird, desto rigoroser sind die Forderungen nach drastischer Reduktion der Rot- und Rehwildbestände. Den Krähen und den Füchsen soll dagegen kein Haar gekrümmt werden, denn das wäre ja ein verwerflicher Eingriff in die natürliche Regulation. Auf der konservativen Seite des politischen Spektrums haben Fuchs und Krähe weniger Freunde, den Rothirsch hingegen schätzt man hier als Kulturgut. Das immer noch überwiegend von der CSU regierte Bayern macht da wie so oft eine Ausnahme. Nirgendwo sind die Jagd- und Forstgesetze schalenwildfeindlicher als hier – was zumindest dort seine offensichtliche Berechtigung hat, wo Wälder Siedlungen vor Lawinen schützen sollen.

Von all dem wusste ich nichts, als ich meine Hasen von der Treibjagd nach Hause schleppte. Die Hasen würden jetzt einige Tage am Holzschuppen hängen, dann würde der Vater ihnen den Balg über die Ohren ziehen und sie ausweiden. Am Samstag würde es »Hasenpfeffer« geben aus den Vorderläufen, dem Kopf, den Rippen, dem Blut und den Innereien, am Sonntag den Braten – Rücken und Keulen –, dazu Kartoffelklöße und Feldsalat. Schon im Kindergottesdienst würde mir das Wasser im Mund zusammenlaufen bei dem Gedanken daran. Hasenbraten, das hieß so viel wie Glück.

Die Flucht der Rammler

DAS SCHÜSSELTREIBEN

Viele Jäger stecken einem erlegten Wild als »letzten Bissen« einen Zweig ins Maul. Damit wollen sie dem getöteten Tier Respekt erweisen. Sie verweilen dann auch bloßen Hauptes eine Weile bei ihm, bevor sie mit der »roten Arbeit«, dem Ausweiden, beginnen. Kann sein, dass sie es auch noch verblasen, »Sau tot«, »Reh tot«, ein Hornsignal, während sich der Abend über den Wald senkt, das ist gewiss stimmungsvoll. Ich will mich darüber nicht lustig machen. Ein Urteil über die Motive, die den einzelnen Jäger zu solchen Ritualen greifen lassen, maße ich mir nicht an. Warum sollte man ihn dafür kritisieren, dass das Töten für ihn nicht gleichgültige Routine ist? Ratlos lassen mich allerdings solche Waidgenossen zurück, die sich gar nicht dafür interessieren, was mit dem toten Tier nach seiner brauchtumsgerechten Ehrung geschieht. Erst in der Küche ist die Jagd wirklich zu Ende. Den größten Respekt erweist der Jäger seiner Beute, indem er sie ordentlich zubereitet. Da mag sich der eine oder andere vornehme Edelwaidmann noch über die Fleisch- und Kochtopfjäger erhaben fühlen – er wird nichts daran ändern, dass Rehrücken und Hirschkeule, Hasenschlegel und Fasanenbrust immer noch die sympathieträchtigsten Botschafter der Jagd sind, zumal in Zeiten, in denen natürliche, authentische, regionale und handwerklich verarbeitete Lebensmittel für immer mehr Menschen zum Wunschbild des guten Lebens gehören.

»'s gibt nichts Dummers als die Jagd«, singt der Tischler Valentin, Bediensteter des Schlossherrn Julius von Flottwell, in Ferdinand Raimunds Märchen- und Zauberstück *Der Verschwender*. Quasi höchste präsidiale Weihen bekam solches Unverständnis für Jagd und Jäger durch Bundespräsident Theodor Heuss, dessen Ausspruch, die Jagd sei eine »Nebenform menschlicher Geisteskrankheit«, jedem Jagdverächter geläufig ist. Doch so wenig Heuss einem Rehbraten abgeneigt war, so wenig kann sich auch Raimunds Valentin vorstellen, dass es ohne Jäger geht. In der Schlussstrophe seines Couplets heißt es: »'s Wildbret will man auch genießen, folglich muss's doch einer schießen. Bratne Schnepfen, Haselhühner, Gott, wie schätzen die die Wiener! Und ich stimm mit ihnen ein: Jagd und Wildbret müssen sein.«

Als Lieferant köstlichen Wildbrets – heutzutage allerdings am allerwenigsten Schnepfen und Haselhühner – wird der Jäger zwar in den Augen der Öffentlichkeit noch nicht zum Edelmenschen, aber der Status eines nützlichen Idioten ist doch das Mindeste, was die meisten ihm zubilligen. Die Jagdverbände und die Forstverwaltungen der Bundesländer haben längst gelernt, dass sie dem Wildbret, seiner Vermarktung, seiner Popularisierung lange Zeit viel zu wenig Aufmerksamkeit schenkten. Heute ist das anders. Dahinter steht nicht nur ein langsam spürbarer Wandel in der Jagdmotivation: weg von der Trophäe, hin zum Fleisch. Für die gewaltig gestiegenen Schalenwildstrecken mussten neue Absatzwege gefunden und zusätzliche Nachfrage erzeugt werden. Deshalb betätigen sich Landesforstverwaltungen auch als Herausgeber von regionalen Wildkochbüchern. Viele Forstämter unterhalten Waldläden, in denen Wildfleisch küchenfertig angeboten wird. Und auf den Internetseiten der Landesjagdverbände kann jeder Interessent schnell die Adresse des nächsten Jägers erfahren, der Wild anzubieten hat. Etwa 18 000 Tonnen Wildschweine – gerechnet wird immer mit Fell, aber ohne Innereien –, 12 000 Tonnen Rehe, 4000 Tonnen Rothirsche und 2000 Tonnen Damhirsche kommen jährlich aus deutschen Jagdrevieren auf den Markt. Der Wert des gesamten Wildbrets – gerechnet wird hier wieder der Abnahmepreis ganzer Stücke im Fell – beläuft sich auf etwa 180 Millionen Euro.

Zäh hält sich das Vorurteil, es sei kompliziert und aufwendig, Wildfleisch zuzubereiten. Muss man Rehkeulen nicht in Rotwein und Essig beizen oder in Buttermilch mürbe machen? Verlangt der Rehrücken nicht, mit Speckstreifen gespickt zu werden? Bedeutet Wildbretküche nicht ein virtuoses Hantieren mit schwer zu dosierenden Gewürzen wie Wacholder, Nelke, Zimt, Koriander? Und wartet am Ende nicht gebieterisch die Krönung des Ganzen durch schwere Soßen? In der Tat: Schaut man in Kochbücher der 1960er- und 1970er-Jahre, kann man sich Wildbret schnell abgewöhnen. Es ist nötig, das alles zu vergessen. Wild lässt sich zubereiten wie jedes andere Fleisch auch, es braucht keine besondere Vorbereitung und schon gar nicht die Übertönung seines Eigenaromas durch Gewürzmischungen, die eher zu einem

Lebkuchenrezept passen. All dieser Aufwand des Marinierens, Beizens und gewürzmäßigen Aufdonnerns rührt noch aus den Zeiten, in denen der Kampf gegen die Verwesung mangels Kühltechnik nicht zu gewinnen war und vergammeltem Fleisch deshalb die besondere Note eines Hautgout angedichtet wurde. Einem Rehrücken muss nicht Fremdfett in Form von Schweinespeck zugeführt werden, bevor man ihn im Backofen als »Braten« umständlich zu Tode gart. Ausgelöst und in Medaillons geschnitten braucht er nur Salz, groben Pfeffer, ein paar gehackte Kräuter, vielleicht ein bisschen Knoblauch und einen kurzen Kontakt mit heißem Olivenöl in der Pfanne. Wer das nicht gegessen hat, weiß nicht, was Fleisch sein kann.

Doch halt. Wir wollen uns jetzt nicht gleich auf die Filetstücke stürzen. Wildküche ist Aufklärung, ein zuweilen mühsamer Weg aus selbst verschuldeter kulinarischer Unmündigkeit. Unmündig ist jener Fleischesser, der im Teil nicht mehr das ganze Tier erkennt und nur noch solche Teile isst, in denen das Bild vom Ganzen so weit wie möglich getilgt ist: Schnitzel, Gulasch, Filet, Hackfleischklopse und so weiter. Immer seltener werden vor Metzgereien die Reklameschilder mit einladend lachenden Schweinchen. Ein ganzes Hähnchen oder Suppenhuhn ohne Kopf und Füße ist das Äußerste an Ganzkörperlichkeit, das man in den Kühltheken der Supermärkte findet. Wer einen Schweins- oder Kalbskopf kaufen möchte, der muss sich dafür mit dem Metzger seines Vertrauens – wohl dem, der einen solchen hat! – unter konspirativen Umständen verabreden und darf sich das Teil keinesfalls unter den Augen anderer Kunden einpacken lassen.

Modernen Schlachthöfen und der ganzen industriellen Fleischverarbeitung darf man zwar zugutehalten, dass kein Teil der Schlachttiere unverwertet bleibt. Aber sie nehmen dem Konsumenten eben auch das Wissen und die Sorge um die ordentliche Verwertung eines getöteten Tieres ab und liefern ihm mundgerechte Stücke. Sie haben ihm ein ganzes Universum an Alltagswissen und Lebenskunst entrissen. Die Wildbretküche lädt dazu ein, sich das alles wieder zurückzuholen. Man ist es allein schon dem getöteten Tier schuldig, dass so wenig wie möglich von ihm als Abfall übrig bleibt.

Diesem Ideal sind in der Wirklichkeit natürlich Grenzen gesetzt. Obwohl aus Rehleder die feinsten Handschuhe und die besten Fensterleder gefertigt werden können, findet man als Jäger doch kaum einen Abnehmer für das Fell. Als Fußmatte eignet es sich kaum. Die Kosten für das Gerben lägen zudem nahe am Wert des Wildbrets. Und was wollte ein Jäger, der zehn oder zwölf Rehe im Jahr schießt, mit all diesen Fellen? Ich bringe die Rehfelle, die jägersprachlich »Decken« heißen, also wieder zurück ins Revier, wo sie verrotten. Denselben Weg nehmen heute leider auch Hasenbälge, die früher ein gesuchter Rohstoff zur Herstellung von Hutfilz waren. Von Wildschweinschwarten kann sich einzelne Exemplare an die Wand hängen, wer das wohnlich findet. Auch als Lager für den Hund eignen sie sich in gegerbtem Zustand gut. Dasselbe lässt sich von einer Gamsdecke und einer Dachsschwarte sagen, die von meinen Hunden so intensiv in Gebrauch genommen wurden, dass heute kein einziges Haar mehr an ihnen ist. Kurzum, für das, was das Wildbret umhüllt, für Haut und Haare, gibt es nur begrenzt eine sinnvolle Verwendung – was natürlich nicht gilt für Tiere, die man des Balges wegen jagt, also vor allem für den Fuchs. Hier heißt es, keine Mühen und manchmal auch keine Kosten zu scheuen, um den wertvollen Rohstoff Pelz nicht verkommen zu lassen.

Jetzt kommen wir zu dem, was in dem Tier drin ist. Die Eingeweide und Innereien holt man ja schon unmittelbar nach dem Erlegen heraus. Lunge, Herz, Leber und Nieren gehören zum sogenannten »kleinen Jägerrecht«. Der Erleger, sofern er auch selbst die »rote Arbeit« verrichtet hat, darf sie mitnehmen, auch wenn er das Wild ansonsten abliefern oder kaufen muss, was immer dann der Fall ist, wenn er nicht als Eigentümer oder Pächter, sondern als Jagdgast in einem Revier jagt. Geht die Beute allerdings an den Wildgroßhandel, müssen die Innereien mitgeliefert werden. Viele Jäger lassen die Innereien den Füchsen und Krähen und verwerten höchstens die Leber – es gibt keine bessere als die eines jungen Rehs oder eines Hirschkalbs –, doch auch aus Herz und Nieren, ja sogar aus der Lunge lassen sich schmackhafte Gerichte zubereiten. Wer das nicht mag, sollte wenigstens seinem Hund eine Freude damit machen.

Der Pansen der Wiederkäuer – dazu gehören außer den Wildschweinen alle Schalenwildarten – wurde schon bei den mittelalterlichen Hetzjagden nach einem festen Ritual an die Hunde verfüttert. Nach einer Ansprache stürzte sich die Meute darauf und verschlang ihn in wenigen Minuten. In Frankreich, wo Parforce-Jagden auf Hirsche nach wie vor erlaubt sind, kann man solche Szenen heute noch beobachten.

Wer nicht gerade in einer städtischen Etagenwohnung lebt, sollte seinem Hund den Pansen gönnen. Es ist nicht zu vermeiden, dass sich dabei intensive Gerüche entfalten. Den Hunden schmeckt das außerordentlich. Wahrscheinlich fühlen sie sich ins wölfische Paradies zurückversetzt.

Zu den Innereien zählen auch Hirn und Zunge. Sie werden leicht vergessen, weil der Kopf allzu oft zusammen mit dem Fell in der Abfalltonne verschwindet. Aus den Knochen schließlich lässt sich mit Wurzelgemüse ein Fond bereiten, für den es in der Küche vielfältige Verwendungsmöglichkeiten gibt. So kann also zum Beispiel aus einem Reh eine regelrechte kulinarische Kaskade entstehen, bevor man die eigentlichen Bratenstücke überhaupt angefasst hat.

Es ist ein Glück, dass im Zuge der Rückbesinnung auf traditionelle, bodenständige Kochkunst die Innereien wieder in die Küche zurückkehren. Das Schnitzelzeitalter neigt sich seinem Ende zu. Einer, der schon immer den Gedanken hochgehalten hat, dass es an einem Stück Wild fast nichts gibt, was nicht gegessen werden kann, war mein leider viel zu früh verstorbener Journalisten- und Jägerkollege Olgierd Expeditus Johann Graf Kujawski, ein Mann geheimnisvoller Herkunft und großer katholischer Glaubensinbrunst. Es hieß, er entstamme uraltem polnischem Adel. Über viele Jahre hin sind wir uns regelmäßig im Reinhardswald begegnet, wenn der hessische Landwirtschaftsminister Journalisten zur »Medienjagd« einlud. Mit heiligem Zorn geißelte Kujawski nach der Jagd beim Schüsseltreiben die mangelnde Achtung, die manche Jäger dem Wildbret entgegenbrächten. Im

Bewusstsein der Jäger müssten das Fleisch und seine Qualität Vorrang vor dem Erbeuten einer begehrenswerten Trophäe haben. Spöttisch nannten wir ihn den Wildbrethygiene-Papst, weil er unablässig gegen den nachlässigen Umgang mit dem Rohstoff predigte, den die Jäger erbeuten. Er hatte recht. Heute ist die Gewinnung von Wildbret als hochwertiges Nahrungsmittel zu einem Hauptfach in der Jägerausbildung aufgerückt. Ältere Jäger mussten sich Nachschulungen auf diesem Gebiet unterziehen, um nach dem Lebensmittelrecht als »kundige Person« zu gelten, die am erlegten Wild Krankheitszeichen erkennen und entscheiden kann, ob es zum Verzehr geeignet ist oder erst einer amtlichen Fleischuntersuchung unterzogen werden muss. Das jährlich erscheinende Handbuch des Deutschen Jagdschutzverbandes beginnt jetzt mit einer umfangreichen Darstellung der wildhygienischen Vorschriften – und nicht etwa mit den Regeln zur Trophäenbewertung oder einem Glossar der Jägersprache. Kujawski sähe das mit Genugtuung. Seine besondere Liebe galt den Innereien.

Beginnen wir also, ihm zu Ehren, unser Festmahl mit Rehzungen und Rehnieren. Wir haben das Jahr über fleißig gejagt und genügend davon im Gefrierschrank. Die Zungen kann man pökeln, man muss es aber nicht. Verzichtet man aufs Pökeln – zwei bis drei Tage in einer Lake aus Wasser und Pökelsalz, anschließend das ausgiebige Wässern nicht vergessen –, muss man sie länger kochen. Nach etwa eineinhalb Stunden sollten sie so weich sein, dass sie von der Gabel fallen. Danach unter kaltem Wasser abschrecken und die raue Außenhaut abziehen. Das Kochwasser kann man mit Zwiebeln, Pfefferkörnern, Lorbeerblatt, Wacholderbeere und Nelke aromatisieren. Die Zungen werden in Scheiben geschnitten und mit einer Vinaigrette aus Olivenöl, Himbeeressig und Schalotten angerichtet. Dazu gibt es Kartoffel- und Feldsalat.

Die Nierchen müssen der Länge nach halbiert, gehäutet und in Essigwasser gewässert werden. Danach kocht man sie eine halbe Stunde lang und wälzt sie, gesalzen und gepfeffert, in einem Teig aus Mehl, Bier und Eiern. In diesem Teigmantel werden sie ausgebacken. Wer ein Faible für die asiatische Küche hat, kann dazu süßsaure oder scharfe Soßen auf Soja- und Honigbasis reichen. Weniger aufwendig ist es, dünne Nierenscheiben in Butter anzubraten und Zwiebeln, Pfifferlinge und Petersilie dazuzugeben. Stammen die Zungen und die Nieren von Rehen aus meinem südhessischen Revier, gehört dazu zwingend ein Weißwein von der Bergstraße, einem Anbaugebiet, dem leider immer noch nicht die Wertschätzung zuteil wird, die es verdient. Es wachsen hier nicht nur staubtrockene Rieslinge, sondern auch fruchtiger Weißburgunder. Wahrscheinlich hat es überhaupt nichts zu bedeuten, dass Wein und Reh auf annähernd demselben Boden gewachsen sind. Es ist einfach nur ein schöner Gedanke.

Über den Boden, der Wein und Rehe hervorbrachte, flogen die Ringeltauben, die wir mit feinem Schrot vom Himmel holten. Wir machten uns die Mühe, sie zu rupfen, also nicht nur die Brust auszulösen, weil aus ihnen Taubensuppe gekocht werden sollte. Das geht wie Hühnersuppe. Taubensuppe wird allerdings lange nicht so fett. Mit den Vögeln kocht man Lauch,

Sellerie, Möhren, ein bisschen Liebstöckelkraut und schöpft sorgfältig immer wieder den Schaum ab. Das Fleisch kommt entweder klein gewürfelt in die klare Brühe, oder man hebt es auf, um daraus einen Salat zu bereiten. Wir bereiten mit dem überaus bekömmlichen, Körper und Seele stärkenden Taubensüppchen unsere Mägen auf das vor, was noch kommt.

Jetzt ist der Hase dran. Wir wollen an dieser Stelle der Speisenfolge keinen schweren Braten und befolgen deshalb einen Tipp des großen Wildkochs Karl-Josef Fuchs aus dem Schwarzwälder Münstertal. Bei Hasen besteht immer die Gefahr, dass das Fleisch im Backofen zu trocken wird. Wir haben deshalb die Rückenfilets von den Knochen gelöst und in dünne Speckscheiben gewickelt. Man kann auf den Speck allerdings auch verzichten, wenn man die Filets ordentlich mit Öl einpinselt. Sie werden in der Pfanne kurz angebraten und danach im mäßig warmen Backofen kurze Zeit – etwa acht Minuten – gegart. Innen sollten sie noch rosa sein. Es macht sich gut, einige Salbeizweige mit zu rösten. Dazu essen wir den Kartoffel- und den Feldsalat, den es zu den Rehzungen schon gab. Wir wollen es schließlich nicht übertreiben. Was den Wein angeht, ist es jetzt Zeit, in Richtung Rot umzuschwenken. Damit es ein fließender Übergang wird, kann man den Spätburgunder ja zunächst einmal als Weißherbst zu sich nehmen.

Beim Hauptgang erhebt sich nun die Frage: Reh, Sau oder Hirsch? Wer bei den Berliner Forsten einen Frischling schießt, der weniger als 15 Kilo wiegt, bekommt ihn geschenkt. Die Wildhändler haben kein Interesse an solchen Schweinchen. Wir schon. Ein kleiner Frischling ist zart und saftig. Man kann ihn am Stück braten. In einer normal dimensionierten Küche mit Töpfen und Pfannen im Kleinfamilienformat empfiehlt es sich allerdings, ihn in seine Hauptteile Rücken, Keulen und Vorderblätter zu zerlegen. Den kurzen Hals und den Kopf lassen wir weg. Daraus lässt sich noch eine Sülze machen. In einer großen Kasserolle brät man die Teile scharf an. Beim weiteren Garen im Backofen ist schonend zu verfahren. 150 Grad genügen. Welche Gesellschaft man dem Frischling beigibt, ist Geschmackssache. Man darf seiner Fantasie freien Lauf lassen. Ein Bett aus Wurzelgemüse, Zwiebeln und Knoblauch tut ihm gut. Ein Schuss Rotwein und ein Rosmarinzweig dürfen nicht fehlen. Es ist aber auch möglich, sich an traditionellen Schweinebratenrezepten zu orientieren, denn Wildschweinfleisch, zumal das von ganz jungen, schmeckt so, wie Hausschwein eigentlich schmecken sollte. Schwarzbier und Kümmel vertragen sich also auch gut mit dem Frischling, und gern liegt er bei Maronen. Sollte außer frischem Brot noch eine Beilage nötig sein, bieten sich Schupfnudeln aus Kartoffelteig an.

Es war mühsam, den Frischling aus dichtem Brombeergestrüpp zu bergen. Wir holten uns blutige Kratzer im Gesicht und an den Händen. Das Blut vermischte sich mit einer anderen roten Flüssigkeit, mit süßem Beerensaft nämlich. Damit war die Nachtischfrage geklärt. Die Brombeeren gibt es ebenso umsonst wie den Frischling. Wir pürieren sie und rühren sie in einen Schaum aus Zucker und Eigelb. Dieses Gemisch heben wir unter eine große Portion Schlagsahne und stellen das Ganze einige Stunden ins Gefrierfach.

Einen Teil des Brombeerpürees heben wir auf und gießen es als mit Cassis verfeinerte Fruchtsoße über das Parfait. Nachdem wir uns diese süße Sünde haben auf der Zunge zergehen lassen, setzt ein Obstbrand den Schlusspunkt.

Wir kommen ins Träumen. Wie wird es mit Jagd und Jägern weitergehen? Nach einem guten Essen bin ich Optimist und kann mir nicht vorstellen, dass sich die Menschen in den Städten und auch die auf dem Land noch weiter von der Natur und ihrer Nutzung entfremden. Es gibt viele Zeichen für eine Wende. Wenn ich frühmorgens mit meinem Hund spazieren gehe, höre ich mitten in Berlin einen Hahn krähen. Irgendjemand also muss sich auf dem Balkon oder im Hinterhof Geflügel halten. Dieser Avantgardist wird nicht allein bleiben. Gegärtnert wird in den Städten ohnehin schon fleißig. Selbstversorgung löst zwar die ökonomischen Widersprüche des Finanzkapitalismus nicht, aber sie lässt einen den Irrsinn der globalen Märkte etwas gelassener ertragen. Entscheidend ist die Idee, das kulturelle Konzept, sich als freies Individuum direkt und praktisch an der Urproduktion zu beteiligen, ein bisschen wenigstens Bauer, Fischer oder Jäger zu sein. »Zurück zur Natur«, das ist keine romantische Parole der Weltflucht, sondern die eines neuen Wirklichkeitssinns. Es muss nicht jeder Kartoffeln anbauen, Schafe züchten, Fische fangen oder Wildschweine jagen. Aber es wäre doch ein großes Bildungsziel, dass es im Prinzip jeder können muss. Wie viel mediale Hysterie um Landwirtschaft, Tierschutz oder Jagd bliebe uns erspart, wenn die Gesellschaft insgesamt auf diesen Feldern erfahrener, wissender und realistischer wäre! Was spräche eigentlich dagegen, Landwirtschaft, Forstwirtschaft und Jagd zu einem Schulfach, ein Grundwissen darum zu einem Teil des Bildungskanons zu machen? Und welch verqueres Bildungsverständnis spricht daraus, dass gerade Gebildete damit kokettieren, davon keine Ahnung zu haben?

In meinen Träumen hat die Jagd alles Exklusive, Abgeschottete, folkloristisch Verzopfte oder gar Geheimnisvolle abgestreift. Jäger führen sich nicht mehr als Halbgötter in Grün auf, die letztinstanzlich für »Ordnung« in der Natur sorgen. Sie sind zuerst einmal Spezialisten der Erbeutung von Wildbret, also Naturnutzer wie Landwirte, Fischer oder Imker, und leiten daraus ebenso bescheiden wie selbstbewusst ihr Ethos ab. Angewandter Naturschutz ist die Jagd, indem sie dafür sorgt, dass die von ihr genutzten Naturgüter erhalten bleiben und nachwachsen können. Gibt es Interessenkonflikte zwischen landwirtschaftlicher, forstwirtschaftlicher und jagdlicher Nutzung der Kulturlandschaft, müssen sich die Jäger den Prioritäten fügen, die letztlich von der Gesellschaft gesetzt werden. Dabei haben sie selbst aber auch, wie alle anderen, ein Wörtchen mitzureden, was aber voraussetzt, dass sie reden und sich nicht in ihrer grünen Subkultur verbarrikadieren, um verbissen das Recht zu verteidigen, Hauskatzen oder Eichelhäher totzuschießen. Jeder Mensch träumt davon, von seinen Mitmenschen gemocht zu werden. Ich träume davon, dass sie mich gerade deshalb mögen, weil ich ein Jäger bin. Tun sie es nicht, na gut, dann sollen sie es eben bleiben lassen.

Platzhirsch

LITERATUR: LEKTÜRE-KOMPASS FÜR JAGDLUSTIGE

Wer sich schnell einen Eindruck davon verschaffen will, was deutsche Jäger gegenwärtig umtreibt, der besorgt sich am besten im gut sortierten Zeitschriftenhandel die aktuellen Ausgaben der Jagdzeitschriften. *Wild und Hund* ist wohl die bekannteste. Sie erscheint zwei Mal monatlich im Paul Parey Zeitschriftenverlag. Der bringt auch die *Deutsche Jagdzeitung* heraus, ein Monatsmagazin. Im Deutschen Landwirtschaftsverlag erscheinen vierzehntäglich die *Pirsch* und monatlich *unsere Jagd*, die ehemalige Jagdzeitschrift der DDR, die immer noch vor allem östlich der Elbe gelesen wird. Aus dem Jahr Top Special Verlag kommt die Zeitschrift *Jäger*. Der Ökologische Jagdverband gibt das Zweimonatsmagazin *ÖkoJagd* heraus. Im Internet sind diese Zeitschriften mit umfangreichen Websites präsent, zum Beispiel www.wildundhund.de oder www.jagderleben.de.

Als allgemeine jagdhistorische Einführung liest man am besten Werner Röseners *Die Geschichte der Jagd. Kultur, Gesellschaft und Jagdwesen im Wandel der Zeit*, erschienen 2004 bei Artemis & Winkler. Ins Zentrum der aktuellen jagdpolitischen Debatten führt *Jagdwende. Vom Edelhobby zum ökologischen Handwerk* von dem Forstwissenschaftler Wilhelm Bode und

Elisabeth Emmert, der Bundesvorsitzenden des Öko-Jagdverbandes (C.H. Beck, 2000, 3. Aufl.).

Klaus Mayleins *Die Jagd – Bedeutung und Ziele. Von den Treibjagden der Steinzeit bis ins 21. Jahrhundert* (Tectum Verlag, 2010) bietet 1000 Seiten soziologische Theorie. Weitere neuere jagdpolitische Klassiker sind Heribert Kalchreuters *Die Sache mit der Jagd. Perspektiven für die Zukunft des Waidwerks* (Kosmos, 2009, 6. Aufl.) und *Die Zukunft der Jagd und die Jäger der Zukunft* von Paul Müller (Neumann-Neudamm, 2009, 2. Aufl.).

Anregend fand ich auch *Weidgerecht und nachhaltig. Die Entstehung der bürgerlichen Jagdkultur* von Dieter Stahmann (Neumann-Neudamm, 2008) sowie *Jagd 2000* von Bruno Hespeler (Nimrod, 1995), einem kritischen und erfahrenen Berufsjäger, Journalisten und Sachbuchautor. Mit *Rehwild heute. Neue Wege für Hege und Jagd* (BLV, 2003, 7. Aufl.) und *Schwarzwild heute. Lebensweise, Bejagung, Schadensbegrenzung, Wildbretverwertung* (BLV, 2011, 2. Aufl.) hat Hespeler auch zwei Monografien auf dem neuesten Stand der wildbiologischen Forschung zu diesen beiden jagdlich wichtigsten Wildarten verfasst.

Die umfangreiche wildkundliche Fachliteratur hier aufzuführen würde zu weit führen. Wer über Rehe und Hirsche genau Bescheid wissen will, kommt an den immer wieder aktualisierten Klassikern *Das Rehwild. Naturbeschreibung, Hege und Jagd der Rehe in freier Wildbahn* (Paul Parey Zeitschriftenverlag, 2000) und *Das Rotwild. Naturbeschreibung, Hege und Jagd des heimischen Edelwildes in freier Wildbahn* (ebenda, 1999) des Altmeisters Ferdinand von Raesfeld, seines

Zeichens Forstmeister auf dem Darß, nicht vorbei. Christoph Stubbes *Rehwild. Biologie, Ökologie, Hege und Jagd* (Kosmos, 2008, 5. Aufl.) ist etwas für diejenigen, die es noch genauer wissen wollen. Burkhard Stöcker, Forstwissenschaftler, Jäger, Fotograf und Autor, hat kürzlich einen opulenten Bildband über den Rothirsch vorgelegt, in dem die Rolle, die dieser große Pflanzenfresser im Naturhaushalt spielt, nicht nur unter dem Wildschadens-Paradigma anschaulich dargestellt wird: *Der König der Wälder. Im Reich des Rotwildes* (Kosmos, 2006, 1. Aufl.).

Zur Jagd in der DDR gibt es wenig Literatur. Christoph Stubbes *Die Jagd in der DDR. Ohne Pacht eine andere Jagd* (Nimrod, 2006, 2. Aufl.) muss als das aus intimer eigener Kenntnis geschriebene Standardwerk gelten.

Ausdrücklich erwähnen will ich hier Andreas Gautschi. Der Schweizer Forstwissenschaftler lebt seit vielen Jahren in Polen, in der Rominter Heide. Niemand hat so intensiv wie er die Geschichte der Jagd unter dem Nationalsozialismus erforscht. Mit seinen Monografien *Der Reichsjägermeister. Fakten und Legenden um Hermann Göring* (Nimrod, 2010, 5. Aufl.) und *Walter Frevert. Eines Weidmanns Wechsel und Wege* (ebenda, 2005, 2. Aufl.) versucht er zwar, Jagdreform und politische Verbrechen im Dritten Reich zu trennen, aber er scheut eben auch nicht davor zurück, die Verstrickung der deutschen Jagd- und Forstelite in den Vernichtungskrieg beim Namen zu nennen. Weiterer Verehrung des Brauchtums- und Rotwildpapstes Frevert in der heutigen Jägerschaft sollte durch Gautschis Forschungen eigentlich der Boden entzogen sein.

Von stärker allgemeinhistorischem Interesse getragen sind die beiden reich illustrierten Bücher, die Volker Knopf zusammen mit Stefan Martens und Uwe Neumärker über Görings Jagdkult geschrieben hat: *Görings Reich. Selbstinszenierungen in Carinhall* (Ch. Links Verlag, 2009, 5. Aufl.) und *Görings Revier. Jagd und Politik in der Rominter Heide* (ebenda, 2008, 2. Aufl.).

Die Leser werden gemerkt haben, dass mich Hunde und Wölfe besonders leidenschaftlich interessieren. Aus der unübersehbaren Literatur will ich nur einige Bücher herausgreifen. An erster Stelle sind die Monografien *Der Wolf. Verhalten, Ökologie und Mythos* (Kosmos, 2003, Neuaufl.) und *Der Hund. Abstammung, Verhalten, Mensch und Hund* (Goldmann, 2010, 1. Aufl.) von Erik Zimen zu nennen. Zimen hat mir die Augen für die kulturgeschichtliche Schlüsselszene der Domestikation des Wolfes zum Hund geöffnet. *Wölfe in Deutschland* von Beatrix Stoepel (Hoffmann und Campe, 2004, 1. Aufl.) erzählt die Geschichte der Lausitzer Wölfe bis 2004. Die beste Internetseite zu diesem Thema wird vom Kontaktbüro Wolfsregion Lausitz betrieben (www.wolfsregion-lausitz.de). Sie bietet auch eine Chronik der laufenden Ereignisse. Wer in die Geschichte der Jagdhunde eintauchen und ein Bild von der Vielfalt ihrer Rassen und Schläge gewinnen will, dem sei die *Enzyklopädie der Jagdhunde. Ursprung, Geschichte, Zuchtziele, Eignung und Verwendung* von Hans Räber empfohlen (Kosmos, 2007). Auch nach Jahren finde ich in dieser Schwarte immer wieder Dinge, die ich noch nicht wusste, die mich erstaunen, amüsieren und begeistern.

ZU DEN ABBILDUNGEN

Die Abbildungen in diesem Buch stammen aus dem Bilderzyklus *In der Meute steht die Beute* von Cornelia Schleime.

S. 8 »Jagdgesellen«, 2005, Tusche auf Bütten, 58×77 cm
S. 30 »Jägermeister«, 2005, Tusche auf Bütten, 58×77 cm
S. 42 »Halali«, 2005, Acryl/Schellack/Asphaltlack auf Leinwand, 180×200 cm
S. 60 »Obstfuchs«, 2005, Acryl/Schellack/Asphaltlack auf Leinwand, 180×140 cm
S. 78 »Monotheist«, 2005, Tusche auf Bütten, 58×77 cm
S. 98 »Fatamorgana«, 2005, Tusche auf Bütten, 58×77 cm
S. 126 »Wie die Wölfe«, 2005, Acryl/Schellack/Asphaltlack auf Leinwand, 190 × 280 cm
S. 154 »Junger Schlepper«, 2005, Tusche auf Bütten, 58×77 cm
S. 170 »Die Flucht der Rammler«, 2005, Tusche auf Bütten, 58×77 cm
S. 184 »Platzhirsch«, 2005, Tusche auf Bütten, 58×77 cm